“十四五”职业教育国家规划教材

数字与网络生活导论

（第 2 版）

谭建伟 ◎主 编
刘会霞 王安涛 ◎副主编

電子工業出版社
Publishing House of Electronics Industry
北京 • BEIJING

内 容 简 介

本书以学习网络生活技能为目标，以满足人们适应网络生活需求为宗旨，突出技能训练和动手能力培养，重视提升学科素养，内容符合学生学习要求。

全书由 11 个项目构成，内容安排循序渐进，贯穿网络学习和生活的全过程。信息搜索、网上学习能够满足人们借助网络更新知识、技能的需要；网上通信、网上娱乐、网上购物、网上预订则是日常生活的必备技能；网上开店介绍开网店的流程和技能，帮助开店需求者解决基础性难题；网络杀毒、网络服务安全帮助网络应用者识别网络安全风险，保护网络应用安全；网络文明是社会道德的底线，网络法律是网络应用的红线，两者是保证网络生活安全、可靠和有序的基础。

本书可作为职业院校相关专业的课程教材，也可作为学习网络生活技能的自学教材。本书配套教学指南、电子教案、教学案例和课程思政素材库。

图书在版编目（CIP）数据

数字与网络生活导论 / 谭建伟主编. —2 版. —北京：电子工业出版社，2022.7

ISBN 978-7-121-43917-9

Ⅰ. ①数… Ⅱ. ①谭… Ⅲ. ①数字技术—中等专业学校—教材 ②计算机网络—中等专业学校—教材 Ⅳ. ①TN01 ②TP393

中国版本图书馆 CIP 数据核字（2022）第 118203 号

责任编辑：关雅莉
印　　刷：北京虎彩文化传播有限公司
装　　订：北京虎彩文化传播有限公司
出版发行：电子工业出版社
　　　　　北京市海淀区万寿路 173 信箱　邮编　100036
开　　本：880×1 230　1/16　印张：14.5　字数：334.08 千字
版　　次：2017 年 10 月第 1 版
　　　　　2022 年 7 月第 2 版
印　　次：2024 年 1 月第 3 次印刷
定　　价：38.00 元

凡所购买电子工业出版社图书有缺损问题，请向购买书店调换。若书店售缺，请与本社发行部联系，联系及邮购电话：（010）88254888，88258888。

质量投诉请发邮件至 zlts@phei.com.cn，盗版侵权举报请发邮件至 dbqq@phei.com.cn。

本书咨询联系方式：（010）88254550，zhengxy@phei.com.cn。

前言 | PREFACE

为了紧跟信息技术的发展，适应网络工作、生活的最新需求，本书对第二版各项目内容进行了补充、更新和修改，使实际应用与教材内容完全接轨。本书坚持职业教育办学方针，充分体现以全面素质为基础，以能力为本位，以适应新的教学模式、教学制度为根本，以满足学生需要和社会需求为目标的编写指导思想。在编写中，力求突出以下特色：

1. 注重课程思政。课程思政是国家对所有课程教学的基本要求，本书将课程思政贯穿于全过程，在项目目标中设定具体的思政要求，以熔盐与水、润物无声的理念将思政元素有机融入学习过程。

2. 贯穿学生发展核心素养。本书以提高实际操作能力、培养学生发展核心素养为目标，强调动脑、动手能力和互动教学，更能引起学习者的共鸣。

3. 优化教学内容。紧贴数字与网络生活的最新要求，组织知识和技能内容，摒弃了繁杂、落后的理论，能在短时间内提升学习者的网络生活技能水平。

4. 紧跟实际应用。涉及网络生活的各种问题多与技术关联紧密，本书以最新的网络技术应用为内容，关注现实应用，符合社会实际要求。

5. 以实际任务组织项目结构。本书紧密结合职业教育的特点，借鉴近年来职业教育课程改革和教材建设的成功经验，在内容编排上采用了项目引领、案例教学的设计方式，符合学生心理特征和认知、技能养成规律。内容安排循序渐进，操作、理论和应用紧密结合，趣味性强，能够提高学生的学习兴趣，培养学生的独立思考、创新和再学习能力。

6. 配备教学资源包。本书配备了包括电子教案、教学指南、教学素材、习题答案、教学视频、课程思政素材库等内容的教学资源包，为老师备课、授课提供全方位的支持。

为了避免固有思维定式的制约，最大限度提高修订质量，特邀请政治素质高、有丰富编写经验的教师分项主持修订工作。本书由谭建伟任主编，刘会霞、王安涛任副主编，统筹全面修订工作。参加本书修订工作的有：谭建伟（郑州经贸学院）、刘会霞（河南警察学院）、王安涛（河南警察学院）、郭璐青（河南警察学院）、任锦（河南警察学院）、彭玮（河南警察学院）、刘定一（河南警察学院）和第一版部分人员。项目一、二由王安涛主持修订，项目三、四由郭璐青主持修订，项目五、六由彭玮主持修订，项目七由任锦主持修订，项目八、九由刘定一主持修订，项目十、十一由谭建伟和刘会霞主持修订，谭建伟、刘会霞统一规划了全书的思政元素库，全部编者参与制作了全书的电子资料包，本书由谭建伟统稿。

由于作者水平所限，书中难免有瑕疵之处，敬请读者批评指正。

编　者

CONTENTS | 目录

项目 1

信息搜索

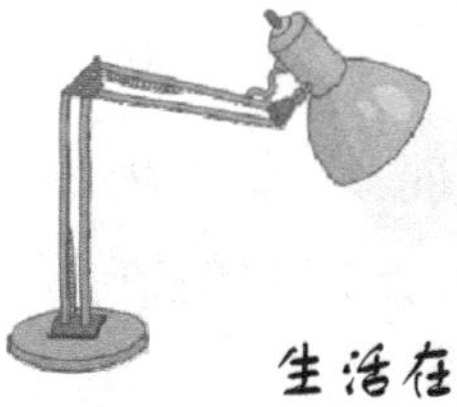

生活在信息社会的人们享受着海量信息提供的各种便利，同时也面临着快速获取有用信息的困扰。使用网络信息检索工具，快速、准确获取满足自己需要的信息，成了一种基本的网络生活技能。获取网络信息的工具种类有很多，有从大量网页抽取非结构化信息的网络信息采集器，有提取网页数据的抓取工具，也有检索信息的搜索引擎。其中，搜索引擎是普通用户快速获取网络信息的常用工具。

项目目标

（1）了解网络信息检索工具，能够快速查找特定信息，增强信息意识。

（2）了解下载工具，会使用工具批量、快速下载有用信息，强化合法使用网络资源的意识。

（3）了解国产搜索引擎，认识关键软件国产化的重要性。

任务 1.1　利用网络解决生活中的难题

在我们的日常生活中会遇到各种各样的难题。例如，计算机无法正常播放视频，想做一道美味菜肴不知如何下手等。此时，可以考虑借助网络检索功能来搜索问题的答案，帮助我们解决这些问题。

案例 1：使用百度搜索寻找制作菜肴的方法

百度是全球最大的中文搜索引擎，它致力于向人们提供“简单、可依赖、便捷”的信息获取方式。用户通过百度主页，可以瞬间找到相关的搜索结果。

百度秉承着“用户体验至上”的理念，除了网页搜索，还有文章、图片、视频、地图等多样化的搜索服务，给用户提供了更加完善的搜索体验，满足了多样化的搜索需求。

百度快照是一种全新的浏览方式，用来解决因网络、网页服务器及病毒所导致的网页无法浏览的问题，基本原理就是只加载网上的文字、图片和超链接。

烹饪是每个人必备的基本生活技能，而掌握烹饪的基本技能似乎并不那么简单。但是，若能有效利用百度的搜索功能，则几乎可以找到任意一种菜肴的制作方法，通过不断的实践，你一定能够成为烹饪“高手”。

过节了，没有做过饭的小李，想给父母做一道地道的川菜“麻婆豆腐”，来表达对父母辛苦操劳的感激之情，可他并不了解做菜的方法，他想起了百度，然后开始利用百度搜索寻找菜肴的制作方法。

任务活动

1．教师讲解、演示使用百度搜索特定内容的操作过程

（1）讲解搜索引擎和自动推送。

（2）搜索特定内容，解决遇到的问题。

2．学生选择自己感兴趣的内容进行查找

（1）查找特定内容。

（2）处理在操作过程中遇到的问题并总结解决办法。

3．师生讨论在网络信息查找过程中遇到的问题和解决方法

（1）查找信息不准确的原因是什么？

（2）如何高效使用搜索引擎？

任务操作

（1）打开浏览器，在地址栏中输入百度网址，按【Enter】键，打开“百度”主页，如图 1-1-1 所示。

（2）在搜索文本框中输入“麻婆豆腐做法”，单击“百度一下”按钮，显示搜索结果，如图 1-1-2 所示。

图 1-1-1 “百度”主页

图 1-1-2 显示搜索结果

（3）浏览搜索结果，从中选出与搜索意图最接近的条目，查看详细信息，如图 1-1-3 所示。

图 1-1-3 查看详细信息

（4）按照获取的烹饪信息，准备食材，烹制菜肴。

知识链接

1. 浏览器

浏览器是指浏览网页用到的客户服务程序。万维网（也称 WWW 或 Web）中的信息资源主要由 Web 网页组成，这些网页均采用超文本格式，其中的一些词、短语或图片可以作为“连接点”，与其他文件形成巨大的信息链。浏览器与 WWW 服务器之间通过超文本传输协议进行通信。

2. 搜索引擎

搜索引擎是指根据一定的策略，运用特定的计算机程序从互联网上搜集信息，在对信息进行组织和处理后，为用户提供检索服务，将用户检索的相关信息展示给用户的系统。搜索引擎包括全文搜索引擎、目录搜索引擎、元搜索引擎、垂直搜索引擎、集合式搜索引擎、门户搜索引擎与免费链接列表等。

（1）搜索引擎的功能。

全文搜索引擎是从网页数据库中提取信息。全文搜索引擎的信息自动搜集功能一般分为两种：一种是定期搜索，另一种是提交网站搜索。当用户通过关键词查找信息时，全文搜索引擎会在数据库中进行搜寻，如果找到与用户要求内容相符的网站，便采用特殊的算法，根据网页中关键词的匹配程度、出现的位置和频次、链接质量等，计算出各网页的关联度及排名等级，然后根据关联度高低，按顺序将这些网页链接返回给用户。

目录搜索引擎也称为分类检索，是互联网上最早提供 WWW 资源查询的服务，主要通过搜集和整理互联网资源，根据搜索到的网页内容，将其网址分配到相关分类主题目录的不同层次类目之下，形成像图书馆目录一样的分类树形结构索引。目录搜索引擎无须输入任何文字，只要根据网站提供的主题分类目录，层层单击进入，便可找到所需的网络信息资源。

元搜索引擎是在接受用户查询请求后，在多个搜索引擎上同时进行搜索，并将结果返回给用户。

垂直搜索引擎不同于通用的网页搜索引擎，其专注于特定的搜索领域和搜索需求，如机票搜索、旅游搜索、生活搜索、小说搜索、视频搜索、购物搜索等。与通用搜索数千台检索服务器相比，垂直搜索需要的硬件成本低，用户需求特定，查询的方式多样。

集合式搜索引擎类似元搜索引擎，但它并非同时调用多个搜索引擎进行搜索，而是由用户从提供的若干搜索引擎中进行选择。

门户搜索引擎虽然提供搜索服务，但自身既没有分类目录也没有网页数据库，其搜索结果完全来自其他搜索引擎。

（2）搜索引擎的基本工作原理。

第一步，爬行。搜索引擎通过一种特定软件跟踪网页的链接，从一个链接爬到另外一个链接，像蜘蛛在蜘蛛网上爬行一样，所以被称为“蜘蛛”或“机器人”。搜索引擎“蜘蛛”的爬行轨迹被赋予了一定的规则，它需要遵从相应命令，按要求依次从一个链接爬到另一个链接。

第二步，抓取存储。搜索引擎通过“蜘蛛”跟踪链接爬行到相应网页，并将爬行的数据存入原始页面数据库，其中的页面数据与用户浏览器得到的 HTML 完全一样。搜索引擎蜘蛛在抓取页面时，也会做一定的重复内容检测。一旦遇到权重很低的网站中有大量抄袭、采集或者复制的内容，搜索引擎就会停止爬行工作。

第三步，预处理。搜索引擎对蜘蛛抓取回来的页面进行各种预处理。具体内容为提取文字、中文分词、去停止词、消除噪声（搜索引擎需要识别并消除这些噪声，如版权声明文字、导航条、广告等）、正向索引、倒排索引、链接关系计算、特殊文件处理等。

除了 HTML 文件，搜索引擎通常还能抓取和索引以文字为基础的多种文件类型，如 PDF、Word、WPS、XLS、PPT、TXT 文件等，在搜索结果中也经常会看到这些文件类型，但搜索引擎不能处理图片、视频、Flash 等非文字内容，也不能执行脚本和程序。

第四步，排名。用户在搜索框输入关键词后，排名程序开始调用索引库数据，计算排名显示给用户，排名过程与用户直接互动。但是，由于搜索引擎的数据量庞大，虽然每日都有小的更新，但是一般情况下搜索引擎的排名规则根据日、周、月进行阶段性不同幅度的更新。

（3）搜索引擎的基本组成。

搜索引擎一般由搜索器、索引器、检索器和用户接口 4 个部分组成。

3. 网页推送

网页推送是指将经过整理的信息资源以网页的形式迅速转发至用户的界面，实现用户的多层次需求，使得用户能够快速找到所需要的信息，是一种直接将有针对性的信息发给特定者的实现方式。

“推”技术是一种服务器和客户机之间的通信连接技术，利用服务器端的 CGI 脚本程序将数据源源不断地推向客户机，极大提高了客户机和服务器之间的交互性能。采用了 Server Push 技术的服务器在客户机做出一个请求后，会和客户机建立一个永久的连接，然后服务器会根据客户机的请求不断地把数据包推向客户，这个推向过程是不间断的。由服务器推向客户机的数据在客户机的浏览器上会不断产生新的内容，而且不会产生 Client pull 那样的 HTML 文档头，从而极大减少了延迟的时间，服务器响应与客户机请求几乎同步。

实现 Server Push 技术非常简单，Server Push 在服务器的 CGI 脚本声明 HTML 文档类型时，会把传统的“content-type:text/html”改为“content-type:multipart/x-mixed-replace; boundary=BOUNDARY”，反馈给用户一个 Server Push 类型的连接。如果 CGI 脚本提供了

这样的 HTML 文档头，服务器在处理客户机请求调用 CGI 脚本程序时，就会将 CGI 脚本中指定的数据强行推送给客户机。

Server Push 在生成页面时会采用很多的处理技巧。主程序和传统方式虽然没有本质的区别，但需要在脚本中加入“print"Content-Type:multipart/x-mixed-replace;boundary=BOUNDARY"”这样的文档头。

任务拓展：网络翻译

在日常生活和工作中，我们很可能会遇到将一段中文翻译成外文或将外文翻译成中文的情况，若自己的外文水平不高，身边又没有可以帮助自己的朋友，那么，利用网络就会是最佳选择。使用在线翻译工具的方法如下。

（1）选择一种网络在线翻译工具，如百度翻译，如图 1-1-4 所示。

图 1-1-4　百度翻译

（2）分别在“源语言”和“目标语言”展开的下拉菜单中选择相应的语言种类，在“翻译文字”文本框中输入要翻译的内容，如图 1-1-5 所示。

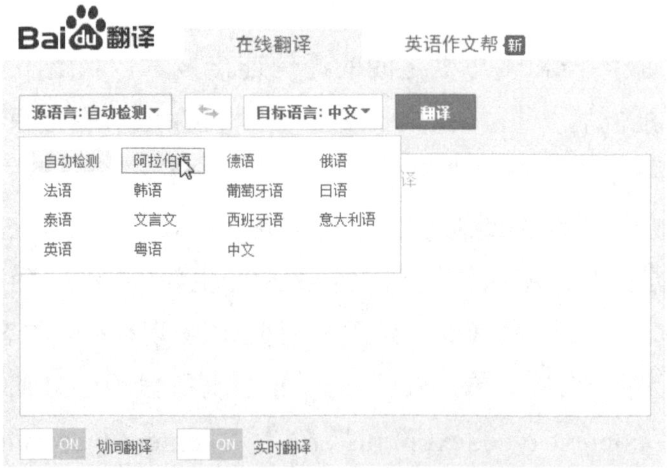

图 1-1-5　分别选择相应的语言种类

（3）单击“翻译”按钮，即可得到翻译结果，如图 1-1-6 所示。

图 1-1-6　翻译结果

提示

利用网络在线翻译工具翻译语句，翻译的准确性不一定很高，可选择多个网络在线翻译工具对照翻译结果，提高翻译的准确率。

常见问题及解决策略

1．使用搜索引擎的基本技巧

在搜索引擎的搜索框中输入关键词，然后单击“搜索”按钮，系统会很快返回查询结果，这是最简单的查询方法，但查询结果可能包含着许多无用的信息。若能在查询时采用一些必要的技巧，则可以提高查询精度。

（1）使用双引号（" "）。

给要查询的关键词加上双引号（半角），则可以实现精确的查询。这种方法要求查询结果精确匹配，但不包括演变形式。例如，在搜索引擎的搜索框中输入“"电传"”，搜索网页中就会有“电传”这个关键词的网址了，而不会出现“电话传真”之类的网页。

（2）使用加号（+）。

在关键词的前面使用加号，也就等于告诉搜索引擎该单词必须出现在搜索结果的网页上。例如，在搜索引擎的搜索框中输入“+计算机+电话+传真”，就表示要查找的内容必须要同时包含“计算机、电话、传真”这三个关键词。

（3）使用减号（-）。

在关键词的前面使用减号，也就意味着在查询结果中不能出现该关键词。例如，在搜索引擎的搜索框中输入“电视台-中央电视台”，就表示最后的查询结果中一定不包含“中央电视台”。

（4）通配符（*和?）。

通配符包括星号（*）和问号（?），前者表示匹配的数量不受限制，后者表示匹配的字符数要受到限制，主要用在英文搜索引擎中。例如，输入“computer*”，就可以找到“computer”“computers”“computerized”等单词，而输入“comp?ter”，则只能找到“computer”“compater” "competer"等单词。

（5）使用布尔检索。

布尔检索是指通过标准的布尔逻辑关系来表达关键词与关键词之间逻辑关系的一种查询方法。这种查询方法允许输入多个关键词，各个关键词之间的关系可以用逻辑关系词来表示。

and 称为逻辑"与"，表示所连接的两个关键词必须同时出现在查询结果中。例如，在搜索引擎的搜索框中输入"computer and book"，这时查询结果会同时包含 computer 和 book。

or 称为逻辑"或"，表示所连接的两个关键词中任意一个出现在查询结果中即可。例如，在搜索引擎的搜索框中输入"computer or book"，这时查询结果可能只有 computer，或只有 book，或同时包含 computer 和 book。

not 称为逻辑"非"，表示所连接的两个关键词中应从第一个关键词概念中排除第二个关键词。例如，在搜索引擎的搜索框中输入"automobile not car"，这时查询的结果包含 automobile（汽车），但同时不能包含 car（小汽车）。

在实际的使用过程中，可以将各种逻辑关系综合运用，灵活搭配，以便进行更加复杂的查询。

（6）使用元词检索。

大多数搜索引擎都支持"元词"功能，依据该功能，用户把元词放在关键词的前面，这样就可以告诉搜索引擎想要检索的内容具有哪些明确的特征。例如，在搜索引擎的搜索框中输入"title：清华大学"，就可以查到网页标题中带有"清华大学"的网页。在输入的关键词后加上"domainrg"，就可以查到所有以 org 为后缀的网站。

其他元词还包括 image、link、URL 等。"image"用于检索图片；"link"用于检索链接到某个选定网站的页面；"URL"用于检索地址中带有某个关键词的网页。

（7）区分大小写。

这是检索英文信息时要注意的一个问题，许多英文搜索引擎可以让用户选择是否区分关键词的大小写，该功能对查询专有名词有很大的帮助。例如，Web 专指万维网或环球网，而 web 则表示蜘蛛网。

（8）特殊搜索命令。

"intitle"是多数搜索引擎都支持的针对网页标题的搜索命令。例如，在搜索引擎的搜索框中输入"intitle：家用电器"，表示要搜索标题含有"家用电器"的网页。

2. 多搜索引擎的应用问题

使用不同搜索引擎对同一问题的搜索结果可能不一样，这是由于搜索引擎搜索的数据库内容有差异造成的。因此，若在搜索结果中没有找到自己满意的内容，可以更换搜索引擎重新尝试，直到搜索到想要的内容。

任务 1.2　网络信息下载

网络上的信息资源非常丰富，既有大量的文字信息，也有大量的图片、音频和视频信息，更有满足用户需求的各种计算机程序，其中的某些内容若能保存在用户自己的计算机上，使用起来将会更加方便。因此，下载和上传网络信息的各种资源，是计算机用户必备的一种网络应用技能。

案例 2：下载网络资源

将文件从服务器复制到计算机的过程称为下载（Download），将计算机中的文件复制到服务器的过程称为上传（Upload）。当网络传输速率快且下载文件较小时，可以直接从网上下载。如果网络传输速率较慢，且下载文件较大时，最好使用专门的软件下载工具进行下载。

使用网络资源应严格遵守法律规范要求，不能侵权和违规使用网络资源，更不能破坏网络资源。对于完全免费的软件，用户下载无须支付任何费用，但作者仍拥有该软件的版权，使用者不能随意修改。对于网上的赠送软件，用户可以修改使用。而试用软件会有一定的限制，有的限制使用期限，有的限制使用功能，注册缴费后即可得到其正版软件。

互联网上有专门的软件下载网站，也有位于其他网站的软件下载中心，从中都可以很方便地找到自己需要的软件资源。

每学期之初，张老师都会登录电子工业出版社的华信教育资源网，查找和下载最新的教学资源，然后结合自己的教学特点进行修改后用于教学设计，丰富课堂教学。网络资源下载是最常用的网络操作之一，也是必备的网络应用技能。

任务活动

1. 教师讲解、演示网络信息下载的操作过程

（1）直接从网上下载，使用下载软件下载。

（2）解决网络资源下载过程可能遇到的问题，注意网络资源的版权问题。

2. 学生选择自己感兴趣的网络资源练习下载操作

（1）搜索自己感兴趣的网络资源，下载至自己的计算机中。

（2）处理在下载操作过程中遇到的问题并总结解决办法。

3. 师生讨论在下载网络资源过程中遇到的问题和解决方法

（1）下载速度受哪些因素影响？

（2）如何解决下载任务过多导致下载速度慢的问题？

任务操作

（1）打开浏览器，在地址栏中输入华信教育资源网的网址，按【Enter】键，打开华信教育资源网首页，如图 1-2-1 所示。

图 1-2-1 华信教育资源网首页

（2）单击“登录/注册”按钮，打开“用户登录”页面，单击“点击注册”链接，打开“用户注册”页面，输入手机号和密码等信息，注册账号，如图 1-2-2 所示。

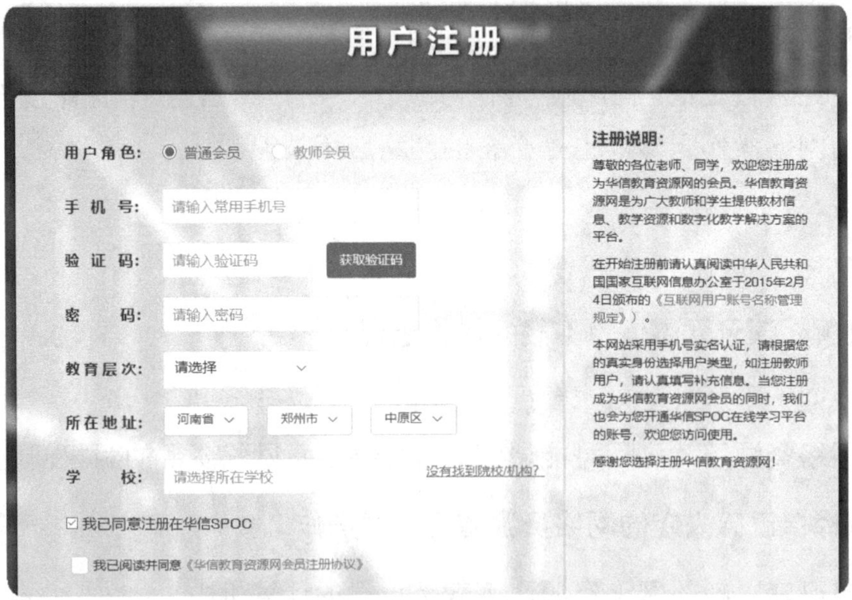

图 1-2-2 “用户注册”页面

（3）返回“用户登录”页面，输入手机号和密码后，单击“登录”按钮，即可登录华信教育资源网。单击“资源”链接，打开“资源”页面，如图 1-2-3 所示。

图 1-2-3 “资源”页面

（4）选择相应的资源类别，显示所有与之对应的资源，找到自己需要的资源，单击“我要下载”按钮，打开“资源下载”对话框，如图 1-2-4 所示。

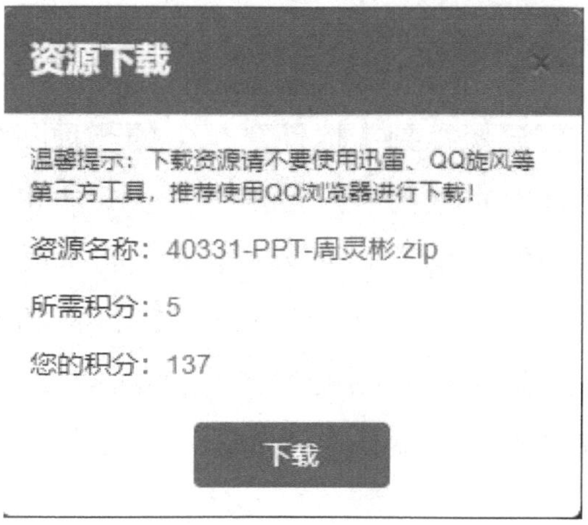

图 1-2-4 “资源下载”对话框

（5）单击“下载”按钮，打开“新建下载任务”对话框，如图 1-2-5 所示。

图 1-2-5 “新建下载任务”对话框

（6）单击“浏览”按钮，选择文件保存位置后，单击“下载”按钮，开始下载选定资源并显示下载进度，如图 1-2-6 所示。完成下载后，可在指定位置找到所下载的资源。

图 1-2-6　显示下载进度

知识链接

1．常见的下载方式

下载是将网络中的信息资源保存到本地计算机上的一种网络活动。广义上说，凡是在屏幕上看到的不属于本地计算机上的内容，皆是“下载”所得。狭义上只认为将文件下载到本地磁盘特定存储位置的操作才是“下载”，“下载”的相反操作是“上传”。

超文本传输协议（Hyper Text Transfer Protocol，HTTP）和文件传输协议（File Transfer Protocol，FTP）既是计算机之间交换数据的方式，也是两种最经典的下载方式。下载原理是利用协议规则，与提供文件的服务器联系，将服务器中的文件“搬”到计算机中，实现下载功能。

BT 下载实际上就是 P2P 下载，这种下载方式与 Web 方式相反，不需要服务器。信息是在用户机与用户机之间进行传播，可以说每台用户机都是服务器，是一种“平等”的下载模式，每台用户机在下载其他用户机上文件的同时，还提供被其他用户机下载的作用，所以使用这种下载方式的用户越多，其下载速度就会越快。

P2SP 下载是对 P2P 技术的进一步延伸，它不但支持 P2P 技术，同时还通过多媒体检索数据库，把原本孤立的服务器资源和 P2P 资源整合到一起，使下载速度更快，下载资源更丰富，下载稳定性更强。

2．下载文件的运行

网上有许多专门提供软件下载的网站，用户常用的网站有驱动之家、天空软件、华军软件、多特软件、太平洋下载、绿色下载吧等，在这些网站上可以找到各种常用软件。

为了提高下载速度，网上提供的下载文件大部分是压缩文件，常见的有 RAR 压缩文件和 Zip 压缩文件。压缩包解压后，可直接运行压缩包中的安装文件（可执行文件）实现程序安装。网上还有一种自解压文件（安装程序），它是一种可执行文件，无须解压缩软件支持，即可自动解压缩实现下载文件的安装。

3. 专门的下载工具

随着网络应用项目不断增多，网络下载工具也朝着支持专门应用的方向发展，出现了网页影音图文提取工具、MP3 下载工具、FLV 视频下载工具、BT 下载工具、MTV 下载工具、图片下载工具和地图下载工具等。

使用专门的下载工具可以提取网页源文件、网页文本、网页图片、在线音乐、在线影片、网页 Flash 及现在流行的网页 FLV（Flash Video）文件，也能保存网页和对网页拍照，其下载效果和效率远比一般的下载工具要好，尤其是专门的下载工具自带了特殊处理功能，使下载和检查修复可以一次完成。

4. 信息存储介质——U 盘、移动硬盘

U 盘是一种基于 USB 接口的微型高容量活动盘。它具有不需要额外的物理驱动器、无外接电源、性能稳定、支持热插拔等特点。U 盘最重要的性能指标是稳定性，而影响 U 盘稳定性的关键因素是控制芯片。市场上的 U 盘分别采用半成品芯片和封装成品控制芯片制造，前者的价格虽然只有后者的 1/3，但使用寿命一般不会太长。在 Windows 系统下使用 U 盘的方法很简单，只需将 U 盘与计算机的 USB 接口连接，待 U 盘指示灯亮，即可像使用硬盘一样使用 U 盘。

移动硬盘相对于 U 盘而言，最大的优点就是容量大，可以轻松容纳大文件。移动硬盘与计算机连接的接口形式有并行接口、USB 接口、IEEE1394 接口等，但是使用最多的是 USB 接口的移动硬盘。由于 USB 标准向下兼容，建议用户选择 USB 2.0 以上接口的移动硬盘。

任务拓展：使用下载工具下载网络资源

在浏览器中直接下载大量文件，可能会受网速的影响而使下载时间过长，在此期间若网络中断则会影响下载进程，而使用专门的下载工具则可以很好地解决此类问题。迅雷 11 使用先进的超线程技术，整合第三方服务器和计算机上的数据文件，使用户能够更快地获取所需的数据文件。这种超线程技术还具有互联网下载负载均衡功能，对服务器资源进行均衡，能有效降低服务器负载，同时将下载与云盘存储合二为一，实现计算机与手机同步。使用迅雷 11 下载网络视频的方法有两种：一种是在迅雷官网下载其中的视频资源；另一种是利用资源链接下载视频文件。利用快捷菜单中的“使用迅雷下载”命令下载网络资源的方法如下。

（1）右击要下载的网络资源，弹出快捷菜单，如图 1-2-7 所示。

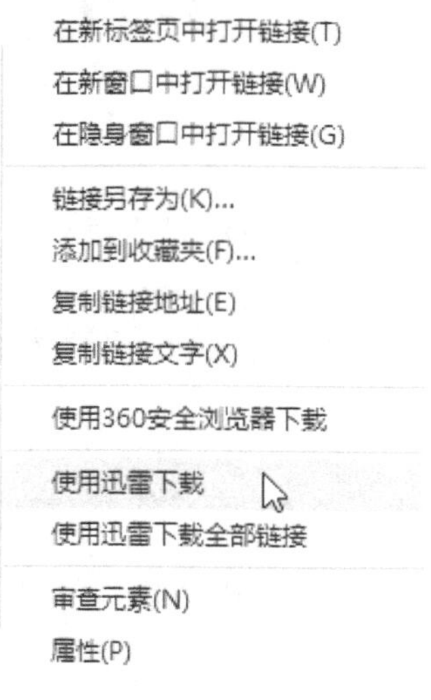

图 1-2-7 快捷菜单

（2）单击“使用迅雷下载”命令，打开“新建下载任务”对话框，如图 1-2-8 所示。

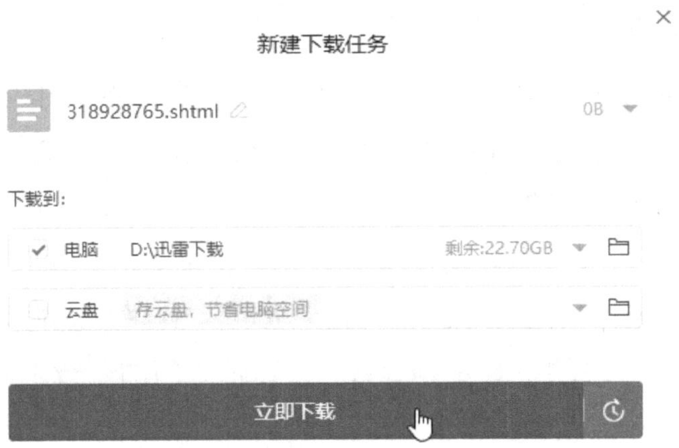

图 1-2-8 “新建下载任务”对话框

（3）选定资源保存位置后，单击“立即下载”按钮，打开“迅雷”下载界面，开始下载选中的资源，如图 1-2-9 所示。

图 1-2-9 “迅雷”下载界面

常见问题及解决策略

1. 下载安装程序后出现故障

若安装下载程序出现故障，应首先考虑安装程序引起故障的可能性，因为许多下载网站无法保证下载软件的安全可靠性，在这种情况下，可通过卸载安装软件、使用查杀毒软件检测下载软件或还原系统的方式，使计算机恢复正常运行状态。

为了保证下载软件的安全性，用户应该尽量从官方网站下载正版软件，安装前先查杀病毒和木马，在保证可靠的前提下再安装使用。最好不要打开别人发来的未知软件，许多病毒和木马都是依靠捆绑下载进行传播的。

2. 使用下载工具仍不能流畅下载视频文件

制约下载流畅性的因素有很多，下载工具出现问题只是其中的一种原因。当视频文件下载不流畅时，可先检测网络连接、网速是否正常，排除网络故障因素；再使用该下载工具下载其他网站的视频文件。若仍不正常，可使用其他下载工具下载，确定是否为网站或文件故障。排除以上可能性后，可基本断定问题出在下载工具上，重新下载安装工具，便可进行流畅下载。

项目小结

本项目以网络信息检索方法为主线，以使用网络工具搜索信息和下载、保存网络资源为目的，希望通过两个具体任务使学生达到熟练使用网络检索工具的基本目标，让学生成为快速、准确地查找所需信息资源的高手。

网络中的信息资源包罗万象，几乎囊括了人们生活和工作的所有内容，我们遇到的各种难题大多可以利用网络资源得到有效帮助。搜索引擎是检索网络信息的有效工具，百度只是我们常用的一种，网上还有很多类似的可用检索工具。了解搜索引擎，学会使用搜索引擎是获取网络信息的基本和有效方法，而掌握搜索引擎的一些使用技巧则能快速、准确地得到有用信息。

将网络资源保存至本地计算机称为下载，下载操作是网络应用中经常性的工作。用户既可以利用网络的数据交换功能直接下载网络资源，也可以使用专门的下载工具下载网络资源。熟练掌握网络资源下载工具的操作方法，既能提高下载效率，也能提高下载质量。

项目考核

本项目可根据教师教学的组织情况，进行学生的合作学习和知识考核，任务活动评价包括自评、互评和教师点评，最终形成学生个人和学习小组任务完成情况总体评价。具体内容和要求如下。

1. 合作学习考核内容

（1）合作学习小组成员分工协作情况。

要求成员分工明确，任务分解和分配合理。

（2）信息获取和共享程度。

要求能使用多种搜索引擎多渠道获取网络信息，并能合理地选择与使用信息。

（3）分析、讨论和交流情况。

要求分析问题的思路清晰、逻辑性强，讨论热烈并发言积极。

（4）学习成果的完整性和正确性情况。

要求学习成果内容完整，问题说明清楚，语言表述准确，操作结果或结论正确。

2. 知识技能考核点

（1）对搜索引擎使用技巧的了解。

了解搜索引擎的作用，会准确构造搜索关键词。

（2）使用网络搜索工具的熟练程度。

会通过常用的搜索引擎快速、准确查找信息。

（3）对专门下载工具的了解。

了解不同网络资源专门的下载工具的作用，会选择使用专门的下载工具。

（4）网络信息下载操作熟练程度。

会熟练使用下载工具或直接从网站下载网络资源。

项目习题

1. 单项选择题

（1）搜索引擎的信息自动搜集功能分为两种：一种是（　　），另一种是提交网站搜索。

A．垂直搜索　　B．定期搜索　　C．快速搜索　　D．分类搜索

（2）为查询的关键词加上半角双引号，可以实现（　　）查询。

A．精确　　B．模糊　　C．快速　　D．直接

（3）将文件从服务器复制到计算机中的过程称为（　　）。

A．上传　　B．下载　　C．复制　　D．粘贴

（4）使用搜索引擎查询信息时，若在关键词前面使用减号，意味着在查询结果中（　　）该关键词。

A．包含　　B．连接　　C．不包含　　D．选择

2. 多项选择题

（1）搜索引擎通常包括（　　）。

A．全文搜索引擎　　B．目录搜索引擎

C．元搜索引擎　　D．垂直搜索引擎

（2）使用专门的网络资源下载工具可以获取（　　）等。

A．网页文本　　B．网页图片　　C．在线音乐　　D．在线影片

（3）在网上可以找到的专门下载工具有（　　）。

A．MP3 下载工具　　B．FLV 视频下载工具

C．MTV 下载工具　　　　　　D．BT 下载工具

（4）常用的下载方式有（　　）。

A．P2SP 下载　　B．P2P 下载　　C．B2B 下载　　D．BT 下载

3．判断题

（1）搜索引擎是人们常用的一种信息检索工具。（　　）

（2）网页推送服务便于人们快速获取所需信息。（　　）

（3）多数网站都不提供下载服务。（　　）

（4）提供下载服务的网站对下载软件的可靠性负责。（　　）

（5）在检索关键词的前面使用加号，是要求该关键词必须出现在搜索结果的网页上。（　　）

4．简答题

（1）网上的推送服务给人们带来的方便和困扰有哪些？

（2）为什么使用不同搜索引擎搜索同一个关键词的结果会不一样？

（3）为什么从网络中下载的信息会有那么多错误？

（4）使用专门的下载工具下载软件有哪些好处？

（5）使用下载软件应注意哪些问题？

5．实训题

（1）针对一个特定内容使用多种方法进行网络检索，总结其中的技巧。

（2）试用多种工具下载某一视频，或者用一种工具下载不同资源，比较其结果。

项目2

网上学习

在社会信息化飞速发展的背景下，满足社会发展需要的新知识和新技术不断涌现，人们仅靠在学校和书本上学到的知识与技能将无法满足生活和工作的需要，利用网络更新知识、学习技能必将成为未来主要的一种学习方式。网上学习是利用计算机网络进行学习的活动，是自主学习和协作学习相结合的学习方式。相对于传统学习活动而言，网络学习具有共享丰富网络学习资源，以个体自主学习和协作学习为主，突破传统学习的时空限制等三个特点。

项目目标

（1）了解网络学习方法，学会利用网络学习专业知识，培养乐学、善学意识。

（2）了解网络教学资源制作方法，学会制作网络教学资源，强化视觉审美能力。

（3）了解网络学习的重要性，培养吃苦耐劳、爱岗敬业的职业精神。

任务 2.1　学习网络课程

目前，网络上的课程涉及面广、内容丰富，网上有国际名校、国内名校发布的视频课程，有普通学校根据专业特色制作的视频课程，有个人制作上传的教学视频片段，也有实时播放的网上教学，诸多教学内容可以满足不同阶层、不同需求者的学习需要。

案例 3：参加网易公开课学习

网络公开课通常是指知名高校在网上提供的课堂教学的录像，若仅从公开课来理解，也应该包括高校课堂以外的网上教学视频和音频。有资料显示，网络公开课最早起源于英国的远距离教学，该教学方式可追溯至 1969 年英国成立的开放大学。随着数字电视和网络技术的飞速发展，远距离教学的理念、技术和实践发生了重大变化。2012 年，大型开放式在线课程（Massive Open Online Courses，MOOC）受到全世界瞩目，人们也将 2012 年称为“大型开放式在线课程元年”。2013 年 7 月，复旦大学、上海交通大学相继与 MOOC 平台签约。

2014 年 5 月 8 日，网易云课堂承接教育部国家精品开放课程任务，与爱课程网合作推出的“中国大学 MOOC”项目正式上线。上线之初就有北京大学、浙江大学、复旦大学、哈尔滨工业大学等 16 所“985”高校推出的 61 门课程。

目前，网易公开课有国内外著名学府学者的教学视频，网易云课堂也有高等教育、实用技能等多种教学内容，能够满足多数学习者提高知识和技能的需要，更能达到优质教育资源共享的目的，所以参加网易公开课学习将成为未来主要的学习途径之一。许多人通过网易公开课充实自己，他们不仅能够领略世界名校的教学风采，更能吸收有用的知识技能丰富自己的生活和工作。

某校张老师就是网易公开课的常客，他经常利用闲暇时间参加网易公开课的学习，不仅了解了最新的知识，也学会了许多新的技能，更提高了自己的教学能力。

任务活动

1．教师讲解、演示参加网易公开课学习的操作过程

（1）讲述慕课、微课程、翻转课堂的含义。

（2）处理网络学习过程中可能遇到的问题。

2．学生选择自己感兴趣的课程试学

（1）选择并学习相关的网络课程。

（2）处理学习过程遇到的问题并总结解决办法。

3．师生讨论在参加网络学习过程中遇到的问题和解决方法

（1）找不到适合的课程怎么办？

（2）如何参加国外大学的网络课程学习？

任务操作

（1）打开浏览器，在地址栏中输入“网易公开课”网址，按【Enter】键，打开“网易

公开课”首页，如图 2-1-1 所示。

图 2-1-1 “网易公开课”首页

（2）单击“登录/注册”链接，打开“扫码登录”页面，如图 2-1-2 所示。

图 2-1-2 “扫码登录”页面

（3）打开手机端网易公开课 App，在“我的”页面顶部右上角，点击“扫一扫”并扫描二维码，点击“授权登录”按钮，扫码成功后，成功登录“网易公开课”，如图 2-1-3 所示。

图 2-1-3 成功登录“网易公开课”页面

提示

若没有手机端网易公开课 App，也可选择邮箱、微信、微博或手机号等方式登录。

（4）如果想要选择公开课中“Excel 从起步到起飞”课程进行学习，可在首页上端搜索框中输入“Excel 从起步到起飞”，单击搜索按钮，即可找到相关的课程。搜索结果页面如图 2-1-4 所示。

图 2-1-4　搜索结果页面

（5）单击“Excel 从起步到起飞”链接，进入该课程学习页面，如图 2-1-5 所示。

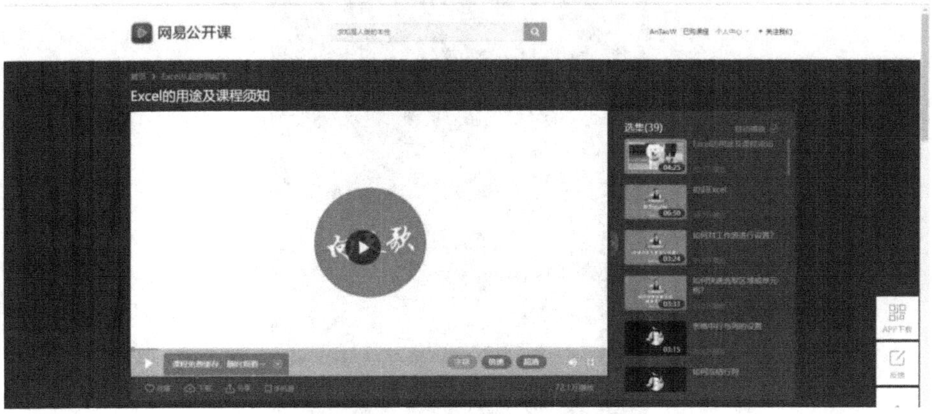

图 2-1-5　课程页面

（6）单击页面右侧“选集”列表中的链接，选择课程进行学习。例如，单击“如何对工作表进行设置？”课程链接，进入课程视频播放页面，如图 2-1-6 所示。

图 2-1-6　课程视频播放页面

（7）单击“暂停”按钮，即可暂停课程视频播放，如图 2-1-7 所示。

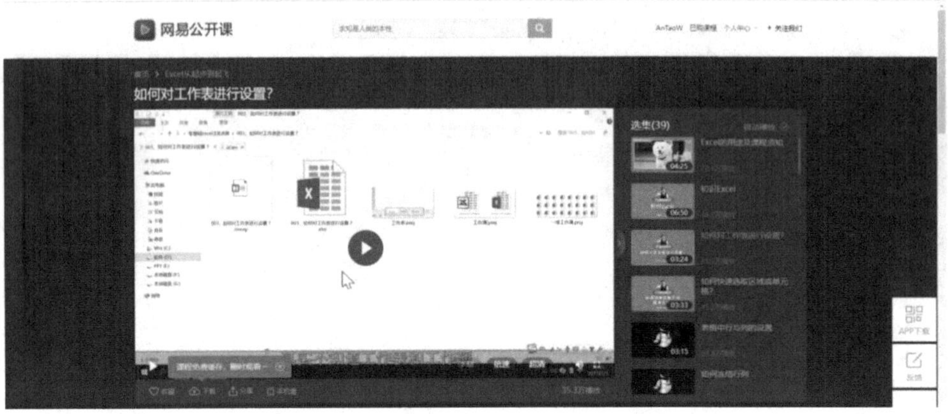

图 2-1-7　暂停课程视频播放

（8）单击页面右侧的“自动播放”选项，即可实现当前视频播放完毕后自动播放下一条课程视频，如图 2-1-8 所示。

图 2-1-8　自动播放

（9）若学习过程中断，在下次学习该课程时，单击“个人中心”中的“播放记录”选项，如图 2-1-9 所示。

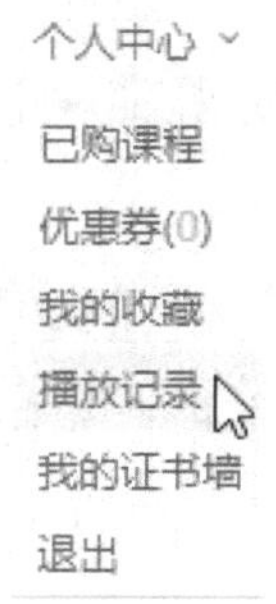

图 2-1-9　单击“播放记录”选项

（10）在打开的“播放记录”列表中，单击相应的视频链接，即可从上次结束点继续观看课程视频，如图 2-1-10 所示。

图 2-1-10　“播放记录”列表

知识链接

1．慕课（MOOC）

慕课是一种在线课程开发模式，它源于过去的那种发布资源、将学习管理系统与更多的开放网络资源综合起来的课程开发模式。通俗地讲，慕课是为了增强知识传播而由具有分享和协作精神的个人组织发布的、散布于互联网上的开放课程。

所谓“慕课”（MOOC），顾名思义，第一个字母“M”代表 Massive（大规模），与传统课程只有几十个或几百个学生不同，慕课的课程对外开放，学习人数可达数万人；第二个字母“O”代表 Open（开放），凡是想学习的人，都可以进来参加学习，不分国籍，只需要一个网上邮箱，即可注册参与；第三个字母“O”代表 Online（在线），学习在网上完成，不受时空限制；第四个字母“C”代表 Course（课程）。

大规模在线课程始于 2011 年秋天，教学课程大规模上网，被誉为“印刷术发明以来教育最大的革新”，2012 年被媒体称为“慕课元年”。

慕课以连通主义理论和网络化学习的开放教育学为基础，跟传统的大学课程一样，是一种循序渐进地让学生从初学者成长为高级人才的教学模式。课程的范围不仅覆盖了广泛的科技学科，如数学、统计学、计算机科学、自然科学和工程学，也包括社会科学和人文科学相应学科课程。慕课课程不提供学分，也不算本科或研究生学位课程。通常，参与慕课学习是免费的，然而，学习者若试图获得某种认证，有些网络开放课程可能会收取一定学费。

慕课课程有频繁的小测验，有时还需要通过期中和期末考试检验学习效果。考试通常由同学评分（比如一门课的每份试卷由同班的 5 位同学评分，最后分数取平均分数）。学习者可以成立网上学习小组，也可以就近结成网下学习小组。

Coursera 是较大的 MOOC 平台，拥有近 500 门来自世界各地大学的课程，门类丰富，不过课程质量良莠不齐。

Udacity 是成立时间最早的 MOOC 平台，以计算机类课程为主，课程数量不多，却极为精致，许多细节专为在线授课而设计。

慕课网是国内慕课的先驱者之一，目前设有前端开发、PHP 开发，Java 开发、Android 开发及职场计算机技能等课程，课程包含初级、中级、高级三个阶段。慕课网是一个互联网、IT 技术免费学习平台，有网络一站式学习、实践体验，服务及时、贴心，内容专业、有趣、易学。

中国大学 MOOC 是国内优质的中文 MOOC 学习平台之一，由爱课程网携手网易云课堂打造。平台拥有包括“985”高校在内提供的千余门课程，其中首批获得认定的国家精品在线开放课程 322 门，占 2017 年获得认定课程总数的 65.7%。每个有提升知识技能愿望的学习者，都可以在这里学习优质高校课程，与名师零距离交流，并获得认证证书。

2. 微课程

“微课程”（Microlecture）这个术语并不是指为微型教学而开发的微内容，而是运用建构主义方法简化的、以在线学习或移动学习为目的的实际教学内容。

微课程应用较多的领域是职业教育，考试培训和企业培训市场的微课程也不少，随着智能手机的普及，微学习已经开始快速蔓延。以其简短精悍的特点，微课程必将成为人们推崇的课程学习方法。

微课程制作主要分为 3 种类型。

第 1 种类型：PPT 式微课程。此课程比较简单，PPT 由文字、音乐、图片等构成，将 PPT 设置为自动播放，然后转换成视频，时长约为 5 分钟左右。

第 2 种类型：讲课式微课程。由讲师按照微课程要求，按照模块化进行授课拍摄，经过后期剪辑转换，形成微课程，时长为 5～10 分钟。

第 3 种类型：情景剧式微课程。此课程借鉴电影、电视拍摄模式，先期组成微课程研发团队，对课程内容进行情景剧式设计策划并撰写脚本，然后选择导演、演员进行场地拍摄，并经过后期视频剪辑制作，最终形成微课程，时长为 5～10 分钟。

3．翻转课堂

“翻转课堂”是从英语“Flipped Class Model”翻译过来的术语，也称反转课堂。与传统的课堂教学模式不同，翻转课堂要求学生在家完成知识的学习，而课堂变成了教师与学生、学生与学生之间互动的场所，包括答疑解惑、知识的运用等，从而达到更好的教育效果。

完成翻转课堂需要有以下过程。

（1）创建教学视频。首先，应明确学生必须掌握的目标及视频最终需要表现的内容；其次，收集和创建视频，应考虑不同教师和学生的差异；最后，在制作过程中应考虑学生的想法，以适应不同学生的学习方法和习惯。

（2）学生学习。学生观看教学视频，记录学习过程中存在的各种问题，并详细规划在课堂活动中自己动手或需要老师、同学帮助解决的内容。

（3）组织课堂活动。教学内容在课外传递给了学生，课堂内更需要高质量的学习活动，让学生有机会在具体环境中应用其所学内容，其中包括学生创建内容、独立解决问题、探究式活动、基于项目的学习等。

4．网上学习平台

网上学习已成为一种时尚，更是一种方便获取知识的手段。学习网站通常以内容和对象分类，有的网站包含多种适用对象的学习内容，所以选择适合自己的网站较为容易，以下是一些常用网上学习平台。

（1）通用类。如学习啦、360 教育等。

（2）中小学。如家教 114、北京四中网校、中国统一教育网、学而思网校、101 远程教育网、金钥匙学校、卓越教育等。

（3）大学。如中国大学 MOOC、新浪公开课、网易公开课、腾讯公开课、搜狐名校公开课等。

（4）考研。如文都教育、中公教育研究生等。

（5）外语。如新东方在线、瑞思学科英语、华尔街英语等。

（6）社考。如中公网校、学易网校、中华会计网校、中大网校、万学教育、粉笔网等。

5．App

App 是 Application 的简称，目前多数是指智能手机的第三方应用程序。

随着智能手机和 iPad 等移动终端设备的普及，人们逐渐习惯使用 App 客户端进行上网，国内各大电商均拥有自己的 App 客户端。目前 App 的应用流量远远超过传统互联网（PC 端）的流量，通过 App 实现盈利也是各大电商平台的主要发展方向。事实表明，各大电商平台向移动 App 的倾斜十分明显，这不仅归功于每天增加的用户流量，更重要的是手机移动终端的便捷，为商家积累了更多的用户，在企业的创收和未来发展中起到了关键性的作用。

现在用户基数较大、用户体验较佳的客户端有大众点评、美团、携程旅行、淘宝、京东商城、当当网、苏宁易购、百度地图、微信、网易新闻、汽车之家等，当然游戏、阅读等热门应用也是数不胜数。

任务拓展：网络听书

观看网络视频或在线学习在某些时候可能有局限性。例如，在拥挤的公交和地铁上观看视频或在线学习会受很大影响，但“听书学习”这一功能可以最大限度利用空闲时间帮助人们获取知识。听书软件就是一款利用听觉帮助人们学习的软件，通常听书软件有电脑版和手机版两种，手机听书软件是最常用的一种。使用“酷我听书”软件获取知识的具体方法如下。

（1）在手机中下载并安装“酷我听书”软件。

（2）打开手机中的“酷我畅听”App，进入“酷我畅听”软件界面，如图 2-1-11 所示。

（3）在“分类”里选择“百家讲坛”选项，显示该栏目所提供的所有内容，如图 2-1-12 所示。

（4）若想了解易中天讲解的三国内容，可选择“易中天品三国”选项，屏幕将显示该项目简介，点击“播放”按钮，即可收听所选内容，如图 2-1-13 所示。

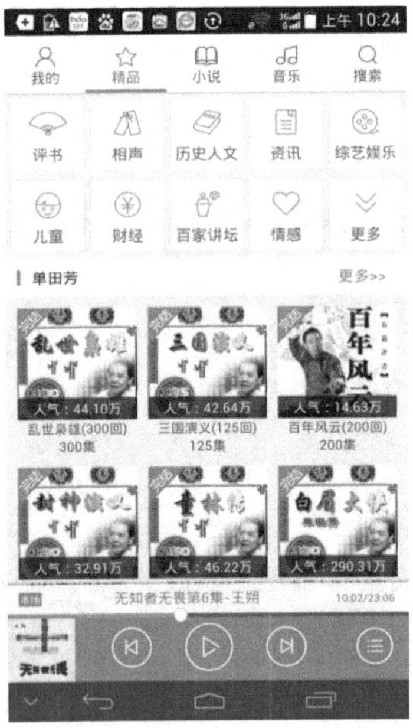

图 2-1-11　“酷我畅听”软件界面

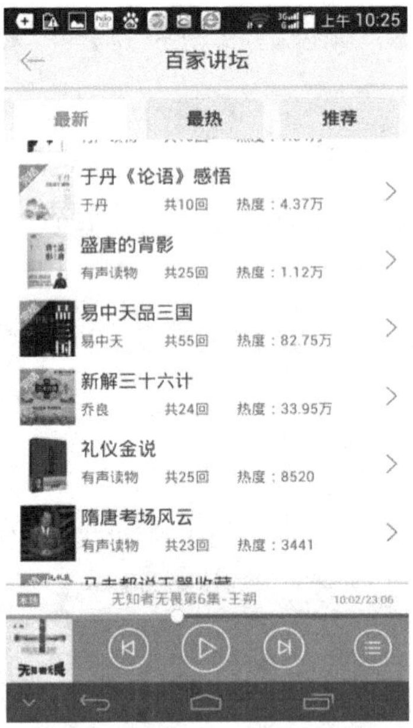

图 2-1-12　选择内容

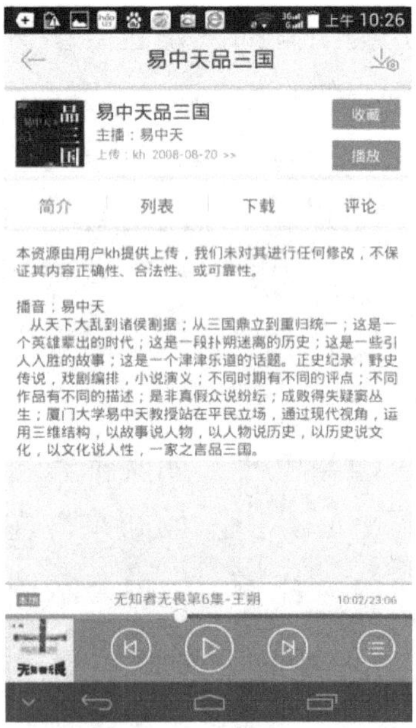

图 2-1-13　播放界面

提示

为了节省流量，可在 WiFi 环境中选择相应内容下载至手机，然后再进行播放。需要注意的是，长期使用耳机，对听力有一定影响。

常见问题及解决策略

1. 课程中断后继续学习

学习者能够自己掌控学习时间，这是网络学习的主要特点。为了满足学习者中途退出的学习要求，提供视频学习的网站一般都具有从退出处接着播放的记忆功能，以确保参加网络学习的连续性。因此，学习者不用考虑学习中断后的断点续播问题。对于一些个人上传的教学视频和网上实时教学的内容，则存在中断后无法继续学习的问题，若学习者确实要中途退出学习，可采用下载学习内容或软件录屏的方法，确保能够完成后续的学习内容。

2. 视频播放不流畅

主要原因可能是网络速度、计算机硬件或视频本身等方面存在问题，找出产生问题的原因才可能有针对性地解决问题。若是计算机本身的内存、速度等造成的播放断续问题，可以在播放视频时关闭与播放无关的应用程序；若怀疑视频本身有问题，可以更换播放器播放；若网速过慢，则需要减少同时上网机器数量或租用更高网速的链路来解决。

任务 2.2　制作网络学习资源

人们在享受网络资源带来学习便利的同时，也应该考虑如何将自己的技术特长、学习心得等与他人分享，具有教学能力的人更需要将自己的知识传播出去，使网络成为大家交流技术、传播知识的平台。

案例 4：制作网络教学视频

网络中的学习资源有文字类型、PPT 播放类型，更多的是教学视频类型，相对于静态的学习资料，观看动态教学视频的学习效果会更好。自己动手制作视频教学资料并不困难，使用专门的软件和简单的硬件设备，即可制作出优质的教学视频。

制作视频的软件有很多，超级捕快就是国内一款优秀的录像软件，该软件因操作简单、图像画面清晰而深受网友喜爱。张老师既是网络学习的受益者，也是网络学习资源的发布者。他经常利用闲暇时间，通过“超级捕快”软件将自己的专业教学内容制作成短小的教学视频，上传至网络与网友分享。

任务活动

1. 教师讲解制作视频的准备工作并演示使用超级捕快制作视频的操作过程

（1）讲解前期准备工作，准备视频制作工具。

（2）处理制作视频操作过程中可能遇到的问题。

2. 学生选择自己感兴趣的内容制作一段视频

（1）制作一段教学视频。

（2）处理在操作过程中遇到的问题并总结解决办法。

3. 师生讨论操作中遇到的问题和解决方法

（1）前期准备工作对后期操作有什么影响？如何高效完成准备工作？

（2）制作视频过程中最容易遇到哪些问题？

任务操作

（1）双击桌面上的“超级捕快”快捷图标，打开“超级捕快”主界面，如图 2-2-1 所示。

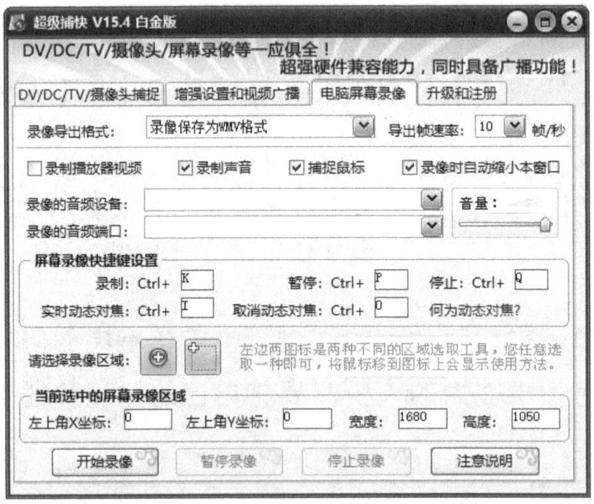

图 2-2-1　“超级捕快”主界面

（2）选择“电脑屏幕录像”选项卡，设置好相应选项后，单击“开始录像”按钮，打开“设置导出的 WMV 质量参数”对话框，如图 2-2-2 所示。

图 2-2-2　“设置导出的 WMA 质量参数”对话框

提示

选择“DV/DC/TV/摄像头捕捉”选项卡，可以拍摄视频图像；选择“电脑屏幕录像”选项卡，主要是为了录制屏幕显示，选择不同的录像导出格式，需要设置不同的参数。

（3）单击“下一步”按钮，打开“开始录制”对话框，如图 2-2-3 所示。

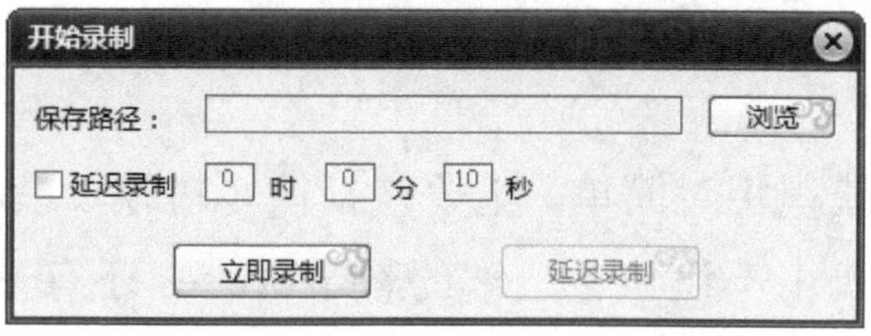

图 2-2-3　“开始录制”对话框

（4）单击“浏览”按钮，打开“请输入待保存的视频文件名称”对话框，如图 2-2-4 所示，选择文件保存位置，输入文件名后，单击“保存”按钮，返回“开始录制”对话框。

图 2-2-4　“请输入待保存的视频文件名称”对话框

（5）单击“立即录制”按钮，开始屏幕录制。若勾选“延迟录制”复选框，并输入延迟时间后，单击“延迟录制”按钮，显示录制倒计时，则延迟时间结束后才会开始录制。延迟录制状态下的“开始录制”对话框如图 2-2-5 所示。

图 2-2-5　“开始录制”对话框

（6）录制过程需要停顿时，按【Ctrl+P】组合键暂停录制；录制结束，按【Ctrl+Q】组合键停止录制。

（7）在指定位置找到录制的视频文件，双击可打开播放器播放录制的视频。

（8）将视频文件上传至网络。

知识链接

1．教学视频制作流程

个人制作教学视频的流程相对简单，主要包括撰写讲稿、录制视频和后期编辑等过程。其中撰写讲稿是关键，讲稿中不仅包含全部的教学内容，还有重点强调的操作内容，更注明了操作和配音的配合点。录制视频过程中应注意语言流畅，操作和语言衔接“同步”，形成音画一体的效果。录制者面对摄像头可能会有压力，语言和表情可能会出现瑕疵，建议出镜率控制在 30%～50%。后期加工编辑是精益求精的过程，若录制视频不存在严重问题，可需进行简单剪辑即可。

同步录屏的课程视频制作需要计算机、摄像头、麦克风和录屏软件等设备，教师播放教学 PPT，使用录屏软件录屏和录音。教师结束课程教学后，停止录屏。

2．视频制作工具

视频制作的工具软件种类很多，在网上可以搜索到以下几种。

（1）KK 录像机。

KK 录像机是一款国产免费的集视频录制、编辑、上传于一体的高清视频录制软件。用户可以使用该软件录制游戏视频、在线视频、聊天视频、网络课件和计算机屏幕等，还能轻松剪切和合并视频，为视频添加字幕、音乐、水印等特效，视频上传功能允许将录制的视频上传至视频网站。

（2）Bandicam 高清视频录制工具。

Bandicam 是一款高清视频录制工具，支持 H.264、MPEG-1、Xvid、MJPEG、MP2、PCM 等编码格式。其主要特点包括：被录制的视频容量很小，能够长时间不中断录制视频，能够将录制的视频上传到网站等。

（3）屏幕录像专家。

屏幕录像专家是一款国产的屏幕录像制作工具。用户使用该软件可以轻松地将屏幕上的软件操作过程、网络教学课件、网络电视、网络电影、聊天视频等录制成 Flash、WMV、AVI 等动画格式或者自播放的 EXE 动画。

（4）Screen Video Recorder。

Screen Video Recorder 是一款简单高效、功能强大的国外收费视频录制软件，可以针对全屏或者屏幕上任何区域录制视频。用户使用该软件可以录制声音和鼠标轨迹，可以录制来自多种环境的视频聊天内容，还可以录制电视卡、网络视频或者媒体播放器中的视频内容。

3. 数码摄像机及其使用

如果想要制作满足多媒体作品需要的视频素材，用户可以使用数码摄像机进行拍摄。使用数码摄像机录制视频时，要注意采集声音并拍摄高质量画面等，数码摄像机的基本结构如图 2-2-6 所示。熟悉各部件或按钮的功能是使用数码摄像机的前提，使用方法及注意事项如下。

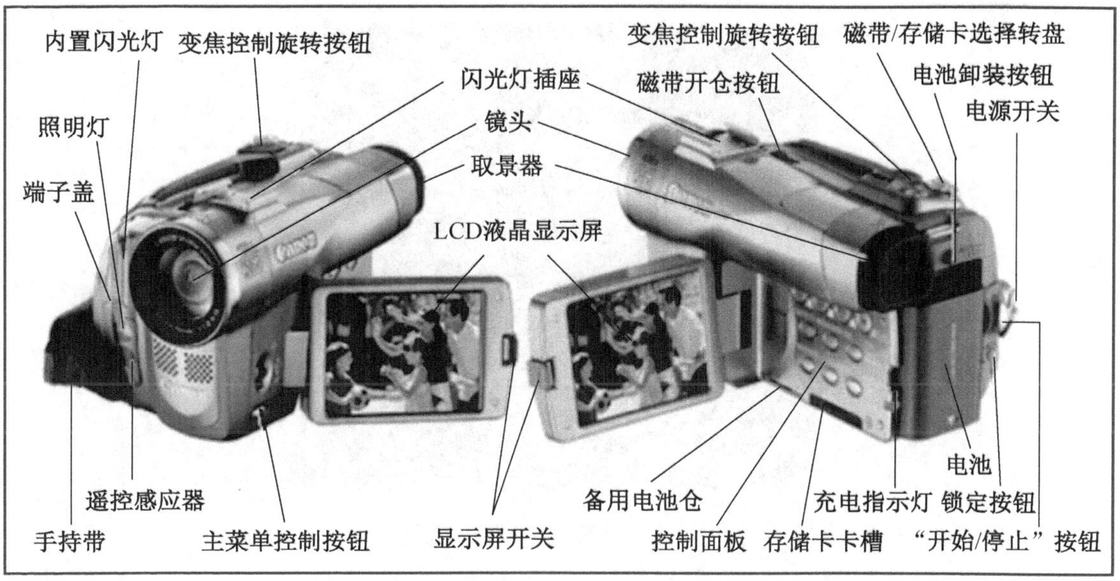

图 2-2-6 数码摄像机的基本结构

（1）安装电池、存储卡等，取下镜头盖，打开电源开关，打开 LCD 液晶显示屏。

（2）正确持机。对于便携式数码摄像机，要用手稳稳地托住摄像机，右手除拇指外穿过手持带握紧摄像机的主体部位，然后把拇指放在“开始/停止”按钮上，将其余的手指搭在机器的前部即可。

（3）摄像取景应采用双眼扫描的方式，用右眼紧贴在取景器的目镜护眼罩上取景的同时，左眼负责纵观全局，留意拍摄目标的动向及周围所发生的一切，随时调整拍摄方式。

（4）按下“开始/停止”按钮，开始拍摄。拍摄过程中，被摄景物一直在 LCD 液晶显示屏上显示。再次按下“开始/停止”按钮，拍摄结束。

（5）在摄像机“控制面板”中，通过相应的按钮播放视频，查看拍摄的视频。

（6）用 USB 连接线连接摄像机和计算机，将所拍摄的视频文件复制到计算机中；也可将摄像机的存储卡取出，借助读卡器，将视频文件复制到计算机中。

任务拓展：剪辑视频

拍摄的视频可能会存在很多问题，如连续性不好、存在画外噪声、出现干扰较大的画面等，此时使用专门的视频剪辑软件可以很好地解决类似问题，Adobe Premiere Pro 2022就是一款不错的视频剪辑软件。剪辑视频文件的操作过程包括熟悉所有素材，了解视频内容表现目的和表现形式的需求，明确在素材中截取哪些视频片段，然后按情节编排与镜头组接规律，完成从粗剪到精剪的过程，并配上音频，加上转场、特效、合成等后期技术效果。剪辑视频时，要注意表现内容和表现形式的统一，要反复听和看，感受合成效果。使用 Adobe Premiere Pro 2022 剪接视频的方法如下。

（1）打开“Adobe Premiere Pro 2022”软件，在软件界面中单击“新建项目”按钮，打开“新建项目”对话框，如图 2-2-7 所示。

图 2-2-7　“新建项目”对话框

（2）保存位置选择“D:\我的剪辑”文件夹，文件名命名为“我的剪辑”，单击“确定”按钮，打开“新建序列”对话框，如图 2-2-8 所示。

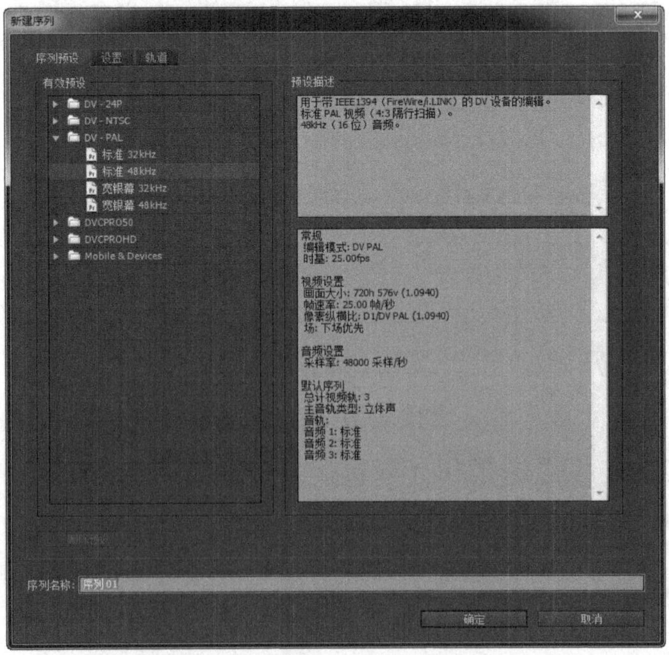

图 2-2-8　“新建序列”对话框

（3）在“序列预设”选项卡中选择“DV-PAL”下的“标准 48kHz”选项，序列名称命名为“序列 01”，单击“确定”按钮，进入“Adobe Premiere Pro 2022”软件主界面，如图 2-2-9 所示。

图 2-2-9　“Adobe Premiere Pro 2022”软件主界面

（4）选择“文件”→“导入”选项，打开“文件导入”对话框，选择素材文件并导入。“项目”窗口如图 2-2-10 所示。

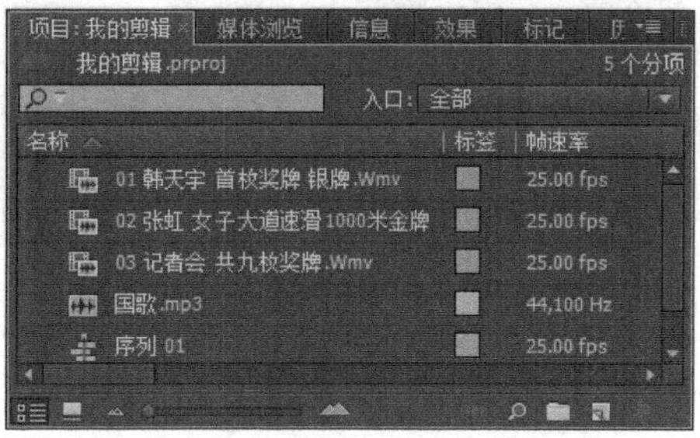

图 2-2-10　“项目”窗口

（5）双击素材“01 韩天宇首枚奖牌银牌”文件，素材 01 出现在“素材源”监视器中，如图 2-2-11 所示。

图 2-2-11　“素材源”监视器

（6）单击“素材源”监视器中的“播放”按钮，注意观察“素材源”监视器中所需要的视频片段。例如，需要从 00:01:41:20 到 00:02:02:10 这一时间段视频，拖曳时间指针到 00:01:41:20 处，单击“素材源”监视器中的“标记入点”按钮，拖动时间指针到 00:02:02:10 处，单击“素材源”监视器中的“标记出点”按钮，单击“素材源”监视器右下角的“插入”按钮，将所选视频片段插入时间线。“时间线”窗口如图 2-2-12 所示。

图 2-2-12　“时间线”窗口

（7）用同样的办法，把其他“精彩瞬间”插入时间线上，选择“时间线”面板中的音频 2 时间线，在“素材源”窗口将剪辑音频“国歌.mp3”素材插入音频 2 上，如图 2-2-13 所示。

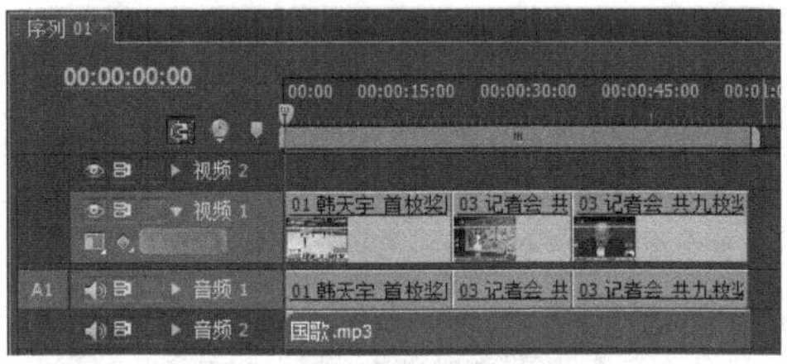

图 2-2-13　将素材插入音频 2 上

（8）将“时间线”窗口的时间指针移到开始处，单击“节目”监视器中的“播放”按钮，观看剪辑效果，如图 2-2-14 所示。适当调整各声道的音量大小，检查声音效果。

图 2-2-14　观看剪辑效果

（9）选择“字幕”面板中的“文字工具”图标，单击“节目”监视器的视频画面，输入文本“精彩瞬间”，在右侧“基本图形”面板的“编辑”菜单中，设置字体为“华文新魏”，如图 2-2-15 所示。

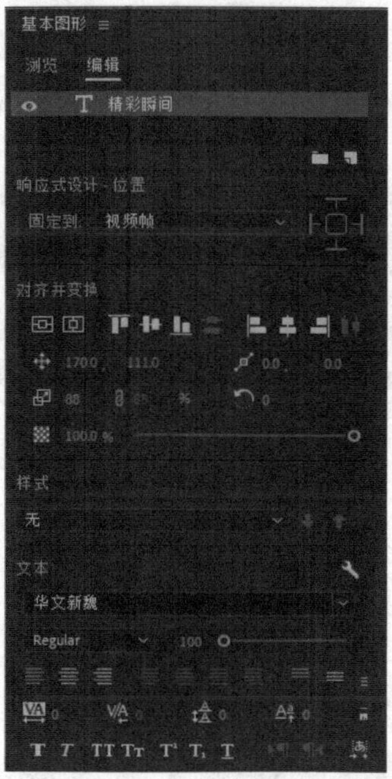

图 2-2-15　“基本图形”面板

（10）关闭“基本图形”面板，将“项目”窗口中的“精彩瞬间”字幕拖曳到“时间线”窗口的视频 2 上，在结尾处拖动鼠标，调整字幕时长，如图 2-2-16 所示。

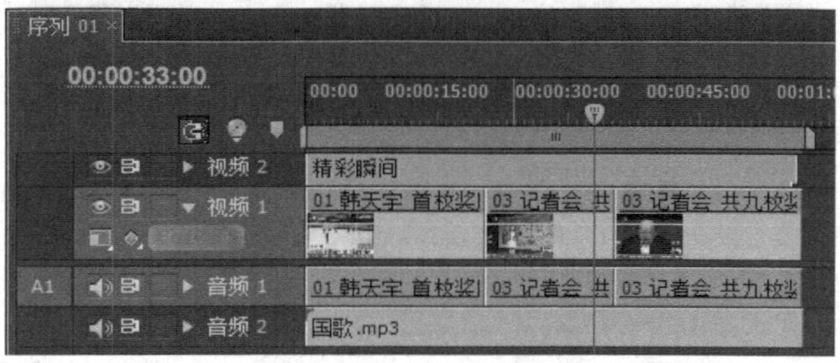

图 2-2-16　将“精彩瞬间”字幕拖曳到视频 2 上

（11）在“效果”面板中，选择“视频过渡”→“溶解”→“交叉溶解”选项，如图 2-2-17 所示。

图 2-2-17　“效果”面板

（12）将“交叉溶解”效果拖曳到“时间线”窗口视频 1 的前两段视频中间，用同样的办法将“白场过渡”效果拖曳到第 2 段和第 3 段视频中间，如图 2-2-18 所示。

图 2-2-18　添加“白场过渡”效果

（13）双击视频 1 的片段 1 和片段 2 之间的“交叉溶解”转场过渡图标，在“特效控制台”中调整“交叉溶解”转场过渡效果，持续时间调整为 3 秒，如图 2-2-19 所示。

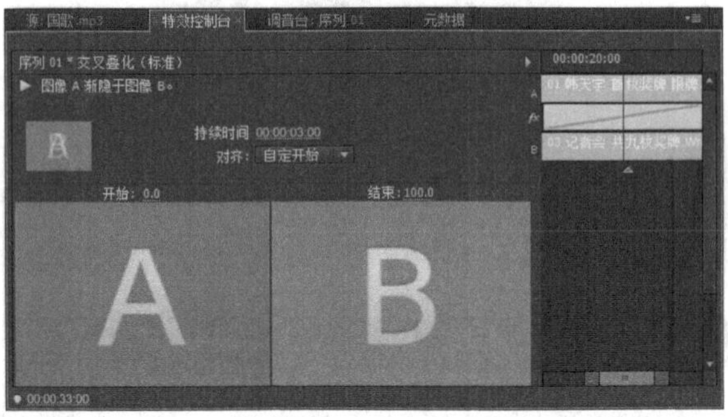

图 2-2-19　调整“交叉溶解”转场过渡效果

（14）用同样的办法调整“白场过渡”效果。

（15）选择“文件”→“存储”选项，保存项目。单击“时间线”窗口，使“时间线”窗口为选中状态，选择“文件”→“导出”→“媒体”选项，打开“导出设置”窗口，如图 2-2-20 所示。

图 2-2-20　“导出设置”窗口

（16）设置“格式”为“H.264”，“预置”为“PAL DV 高品质”，“输出名称”为“D:\我的剪辑\序列 01.mp4”，单击“确定”按钮，进行导出，如图 2-2-21 所示。

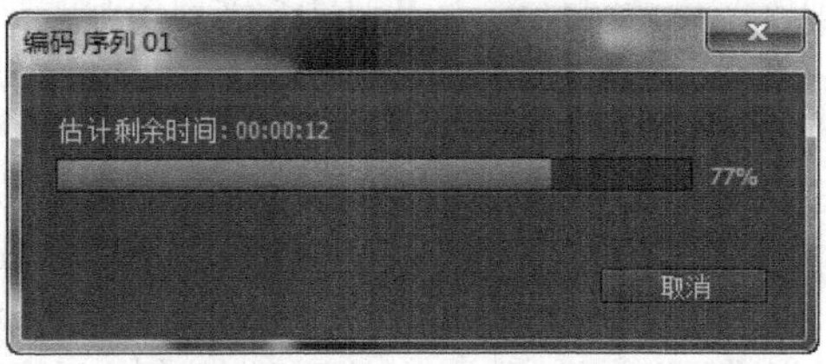

图 2-2-21　导出文件

（17）编码结束后，关闭窗口，得到“D:\我的剪辑\序列 01.mp4”文件。

提示

Adobe Premiere Pro 2022 是众多视频剪辑工具中的一种，使用其他视频剪辑软件同样可以完成相关操作。

常见问题及解决策略

1．录制的教学视频不符合网站要求

录制的视频文件不符合网站要求，主要表现在视频格式、视频清晰度和视频内容等方面。避免出现视频格式与网站要求不符，可事先上网查看网站对视频格式的要求，然后设置好相应参数再进行录制，对于录制好的视频可进行格式转换后再进行上传，使之满足要求。清晰度和内容也是常见问题，使用摄像头录制时的像素设置可能影响清晰度，可试录观看效果后，再确定录制视频的各个参数。若上传的视频内容与网站的主题内容不符，可查找主题内容相符的网站上传视频。

2．对自己录制的视频不满意

由于不是专业的视频制作者，对自己录制视频效果不满意是一件很正常的事情。主要问题有两个：一个是对录制效果不满意，另一个是对出现在画面中的形象不满意。前者可以通过多次录制积累录制经验，逐步提高视频制作水平；后者可以通过减少教学者出现在画面中的时间来解决。制作教学视频的目的主要在于传授知识和技能，录制者应重点关注教学效果，以此作为检验质量的重要标准，在此基础上再考虑画面优美等问题。

项目小结

本项目以借助网络获取和传播知识为主要目的，以参加网上课程学习和制作网络教学视频两个具体任务为过程，希望通过实际训练达到项目设定的基本目标，使学习者成为利

用网络学习和分享知识技能的高手。

参加网络课程学习是获取知识和技能的一种有效途径，掌握网络课程学习的基本技能也是信息化社会对每个人提出的基本要求。利用网络学习的基本操作方法并不难，而养成良好的网上学习习惯则并不容易。

利用网络传播知识和技能也是网络生活的一项重要内容，分享到网络中的教学资源可以是 Word 文档，可以是教学 PPT，也可以是教学视频文件。使用专门的视频制作工具，可以制作边讲边进行屏幕操作的录屏教学视频，也可以制作教师课堂教学类型的教学视频。制作教学视频的专业软件很多，熟练掌握其中的一种，即可制作出满足网络传播要求的视频教学文件。

项目考核

学习任务完成后，可以进行自评、互评和教师点评，形成个人和学习小组任务完成情况总体评价。合作学习评价的内容和要求参见项目 1，知识、技能评价的内容和要求如下。

（1）对网络学习资源的了解。

能够清楚描述网络学习资源的内容和种类，理解网络学习资源对人们的帮助作用。

（2）参加网络课程学习的熟练程度。

能够选择对自己有帮助的网络课程，顺利完成网上课程学习。

（3）对制作网络教学视频的了解。

了解制作网络教学视频的要求、工作流程和制作工具。

（4）使用教学视频制作工具的熟练程度。

会使用专门软件录制屏幕操作，会进行简单的视频剪辑。

项目习题

1．单项选择题

（1）录制教学视频时，包含教学者的镜头建议控制在（　　）。

A．10%～20%　　B．30%～50%　　C．5%～15%　　D．15%～25%

（2）使用“超级捕快”软件录制屏幕操作时，可以设置（　　）时间。

A．录制　　B．播放　　C．录制结束　　D．延迟录制

（3）有资料称，网络公开课最早起源于（　　）。

A．美国的网上教学　　B．美国的翻转课堂

C．英国的远距离教学　　D．可汗学院的网络课程

（4）网上学习是利用计算机网络进行的一种学习活动，是（　　）和协作学习相结合的学习方式。

A．自主学习　　B．视频学习　　C．网络学习　　D．间接学习

2．多项选择题

（1）使用 KK 录像机软件可以录制（　　）。

A．游戏视频　　B．网络课件　　C．计算机屏幕　　D．聊天视频

（2）网络课程包括（　　）。

A．高校的课堂录像　　B．网上教学视频

C．网上的教学音频　　D．网上的实时教学

（3）所谓“慕课”是指（　　）的课程。

A．在线式　　B．开放型　　C．大规模　　D．集成式

（4）翻转课堂不是（　　）。

A．视频取代教师　　B．在线课程

C．学生无序学习　　D．学生在孤立地学习

3．判断题

（1）网易云课堂主要提供高等教育教学内容。（　　）

（2）微课程以其简短精悍的特点将成为主要的课程教学方法。（　　）

（3）翻转课堂是一种增加学生和教师互动与个性化接触的手段。（　　）

（4）录制教学视频主要包括撰写讲稿、录制视频和后期剪辑等过程。（　　）

4．简答题

（1）网上有哪些可供选择的公开课？

（2）参加网上学习的主要目的有哪些？

（3）为何说网上学习将会成为知识拓展的有效途径？

（4）为什么制作网络教学视频应控制教学者的出镜率？

（5）为什么网络中的信息会有那么多的错误？

5．实训题

（1）系统参加一门网络课程学习，完成学习后从技术和知识两个方面总结收获。

（2）制作一个特定内容的教学视频，总结视频制作经验。

项目3

网上通信

通信是人与人之间通过某种媒体进行信息交流与传递的活动，随着网络连接的范围不断扩大，应用的内容不断增多，人与人之间的交流越来越多地转移到了互联网上。在互联网上，人们可以快速、及时地完成文本、图片、声音、视频信息的传递，这种交流模式给人与人之间的沟通提供了很大的方便，实现了人们跨时间、跨地域的联络。目前，利用互联网进行通信是一种时尚，是一种高效、方便的沟通渠道，也是信息社会对人们提出的一种基本要求。

项目目标

（1）了解网络通信的基本方法，培育网络通信素养。
（2）学会利用网络聊天工具传送文本、图片、声音、视频等信息，提升网络通信能力。
（3）了解网络信息发布方法，能够通过微博发布消息，强化信息发布时的守法意识。
（4）了解中国5G通信发展，增强国家认同感和民族自豪感。

任务3.1　网络聊天

利用网络进行聊天交流的行为被称为网络聊天，网上聊天不局限于文字信息沟通的聊天，还包括网上语音聊天和视频聊天。从聊天信息的发送和接收对象分类，有计算机对计算机、计算机对手机、手机对计算机、手机对手机4种。网络聊天是网上交流的一种方式，是扩大交友范围、方便信息收集、加强社会联系、促进心灵沟通的重要手段，也是网上生活的重要组成部分。

案例 5：使用 QQ 工具联系好友

网络聊天工具又称 IM 软件或 IM 工具，主要提供基于互联网客户端的实时语音、文字传输。目前，国内常用的聊天工有 QQ、微信等。

QQ 是腾讯公司于 1999 年 2 月正式推出的一个即时通信软件。QQ 最常用的功能是在线聊天，可以及时传送文本、图像、声音、视频信息等，也有通过网络传送文件、远程协助、建立 QQ 群等功能。

学生小李就是 QQ 的老用户，他利用 QQ 平台结交有共同兴趣、共同话题的网友，弥补日常社交的匮乏。QQ 群的相册、大文件存储等功能远远优于微信群，无论是保存同学合影，还是保存 PPT 等学习资料，QQ 群都更有优势。

任务活动

1. 教师讲解、演示使用 QQ 聊天工具的操作过程

（1）讲解文本聊天、语音聊天、视频聊天、文件传输和 QQ 群等内容。

（2）解决 QQ 聊天过程可能遇到的各种问题。

2. 学生选择自己感兴趣的话题进行各种聊天尝试

（1）利用 QQ 进行网络私聊、群聊。

（2）处理在网络聊天过程中遇到的问题并总结解决办法。

3. 师生讨论参加网络聊天过程中遇到的问题和解决方法

（1）怎样进行好友分类？分类的好处有哪些？

（2）如何有效防止聊天活动中的欺骗行为？

任务操作

1. 下载并安装 QQ 聊天软件

（1）打开浏览器，在地址栏中输入腾讯网网址，按【Enter】键，打开“腾讯网”首页，如图 3-1-1 所示。

（2）单击右侧的“QQ”链接，打开“QQ”网页。单击“下载”链接，找到 QQ Windows 最新版本，单击“下载”按钮，按提示将 QQ 软件下载到本地硬盘中，如图 3-1-2 所示。

图 3-1-1　“腾讯网”首页

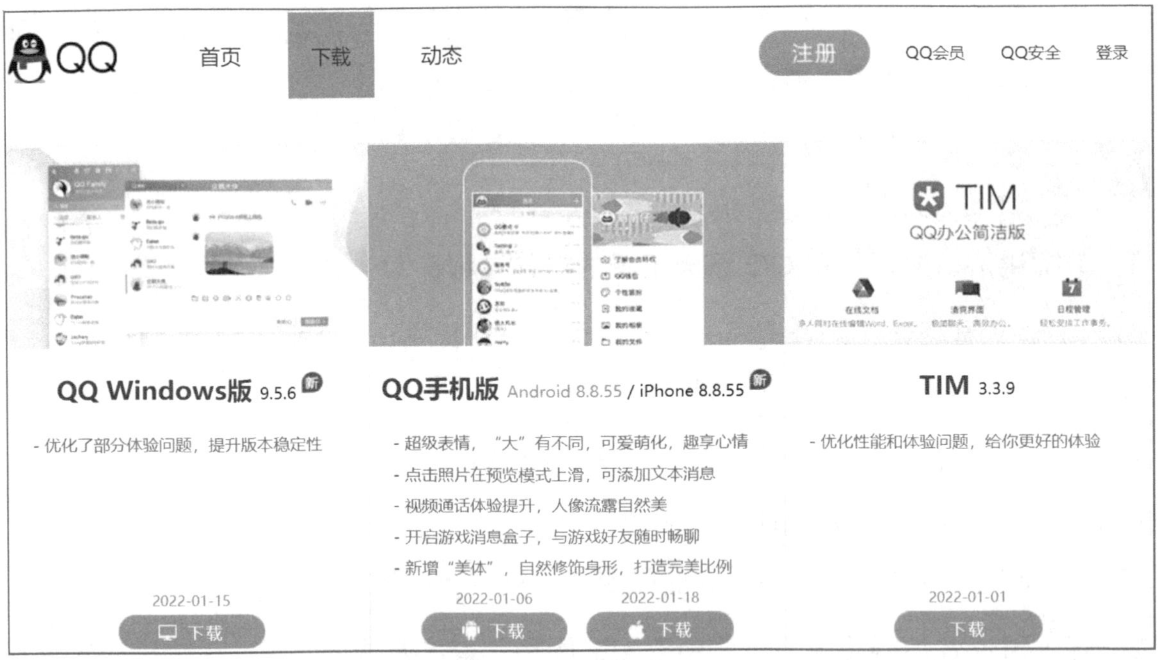

图 3-1-2　“QQ”网页

（3）双击下载好的 QQ 聊天软件安装包，按提示步骤安装软件，取消“完成安装”对话框中的所有勾选项，单击“完成安装”按钮，完成 QQ 聊天软件安装，如图 3-1-3 所示。

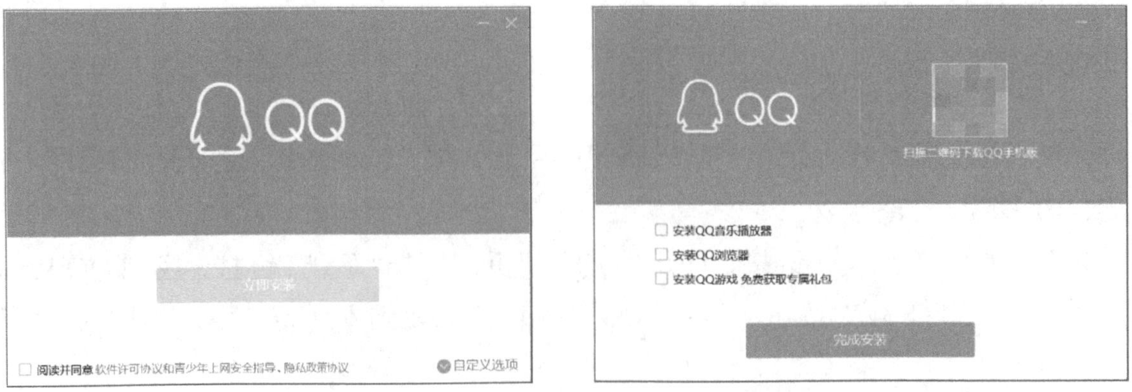

图 3-1-3　安装 QQ 软件

2. 登录 QQ 聊天软件

打开 QQ 聊天软件，在出现的 QQ 登录对话框中，输入 QQ 账号和密码，单击“登录”按钮，进入 QQ 软件主界面，如图 3-1-4 和图 3-1-5 所示。

图 3-1-4 QQ 登录对话框

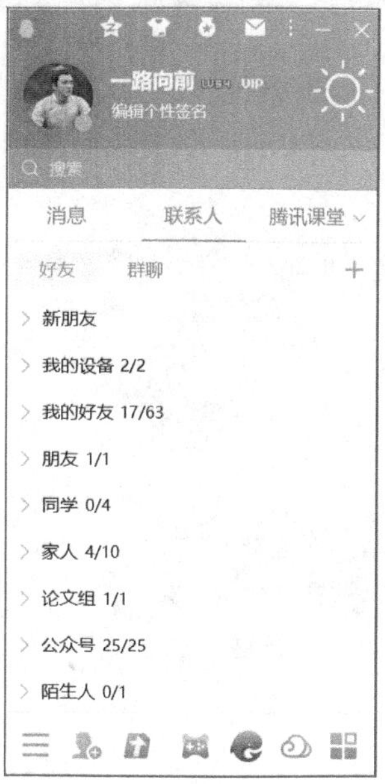

图 3-1-5 QQ 软件主界面

提示

若没有 QQ 账号，应单击“注册账号”链接，注册新账号，然后再登录使用 QQ 聊天工具。

3. 添加 QQ 好友

（1）单击 QQ 聊天软件主界面下方的“加好友/群”按钮，打开“查找”面板，如图 3-1-6 所示。

图 3-1-6 “查找”面板

（2）打开“找人”选项卡，在“关键词”栏中输入要查找联系人的 QQ 账号，单击“查找”按钮，找到联系人的 QQ 信息，如图 3-1-7 所示。

（3）单击“＋好友”按钮，打开“加为好友”对话框，单击“加为好友”按钮，打开“添加好友”对话框，如图 3-1-8 所示。

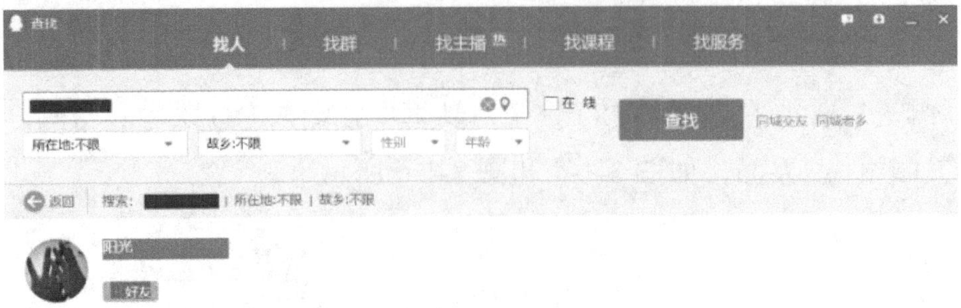

图 3-1-7　找到的“联系人”

图 3-1-8　添加好友

（4）在“添加好友”对话框中输入验证信息，单击“下一步”按钮，按提示完成“添加好友”操作。

提示

新添加的好友，只有在对方确认后才能成为真正的 QQ 好友，才能出现在 QQ 好友列表中。

4．与 QQ 好友聊天

（1）在 QQ 好友列表中，选择一个 QQ 好友，双击该好友图标，打开“聊天”面板，如图 3-1-9 所示。

图 3-1-9　“聊天”面板

（2）在“聊天”面板下方的编辑区域，输入聊天信息，单击“发送”按钮，将信息发送给好友，如图 3-1-10 所示。

图 3-1-10　“聊天”面板编辑区域

提示

利用“聊天”面板编辑区域工具栏的工具，还可以向好友发送“表情”“热图”“文件”“腾讯文档”“抖动窗口”“图片”“屏幕截图”等。单击右上角的“消息记录”按钮，可以查看与该好友的聊天记录。

（3）单击“聊天”面板右上角的“发起语音通话”按钮，在对方接受后可以和对方直接进行语音通话，如图 3-1-11 所示。

图 3-1-11　发起语音通话

提示

语音通话要求双方计算机都有话筒和音箱（或耳麦）。

（4）单击“聊天”面板右上角“发起视频通话”按钮，在对方接受后可以和对方直接进行视频通话，如图 3-1-12 所示。

图 3-1-12　发起视频通话

提示

视频通话要求双方计算机都有话筒、音箱（或耳麦）和摄像头。

（5）单击“聊天”面板工具栏中的“文件”按钮，在弹出的菜单中选择“发送在线文件 / 文件夹”选项，如果对方 QQ 在线，在对方接受后可以向对方发送文件或文件夹，如图 3-1-13 所示。

图 3-1-13　“发送文件”菜单

提示

若对方不在线，可以选择“发送文件”选项传送离线文件。

（6）单击“聊天”面板右上角的按钮，在弹出的菜单中选择“请求控制对方电脑”选项，当对方接受后，在本机窗口中可以直接操作对方计算机，如图 3-1-14 所示。

图 3-1-14　请求控制对方电脑

5．加入 QQ 群

（1）在 QQ 软件主界面中，单击“加好友/群”按钮，打开“查找”面板，如图 3-1-15 所示。

图 3-1-15　“查找”面板

（2）单击打开“查找”面板中的“找群”选项卡，输入待查找的群号或群名称，单击“查找”按钮，在查找到的群中，单击“+加群”按钮，按提示完成加入 QQ 群操作，如图 3-1-16 所示。

图 3-1-16 单击“找群”选项卡

（3）在 QQ 软件主界面中，单击“联系人”选项卡中的“群聊”选项卡，在群列表中选择一个群，双击该群图标，打开“聊天”面板，在“聊天”面板中可以向群中发送消息，群中所有成员都能收到。

知识链接

1. QQ 好友

QQ 聊天工具只有“熟人”之间才可以网络聊天，陌生人之间无法聊天，即聊天双方在加为好友后，才能进行聊天、发送文件等操作。QQ 好友和现实生活中的“好朋友”有区别，QQ 好友仅代表能通过 QQ 软件进行聊天的对象或联系人，并不一定是真正生活中的好朋友。因此，好友间聊天也要警惕欺诈行为。

2. QQ 群

QQ 群是腾讯公司推出的多人聊天交流服务，群主在创建群以后，可以邀请朋友或有共同兴趣爱好的人到一个群里面聊天。在群内除了聊天，腾讯还提供了群公告、相册、共享文件、群直播间等多种方式进行交流。

任务拓展：微信的应用

微信是一款通过网络快速发送语音短信、视频、图片和文字，支持多人群聊的聊天软件。

微信正成为影响人们生活的一种通信方式，微信支持查看所在位置附近使用微信的人，微信的“摇一摇”功能可以帮助使用者结识世界各地的朋友，微信支持 QQ 邮箱、语音记事本、微信支付和游戏等功能。使用微信的方法和步骤如下。

（1）在智能手机上下载、安装微信客户端，如图 3-1-17 所示。

（2）点击“微信”图标，打开微信注册操作界面，输入“昵称”“手机号码”“密码”等信息，注册自己的微信号，如图 3-1-18 所示。

图 3-1-17　手机安装微信客户端

图 3-1-18　注册微信号

（3）在微信登录界面，输入“手机号码”和“密码”，点击“登录”按钮，登录微信客户端，如图 3-1-19 所示。登录成功后，操作界面如图 3-1-20 所示。

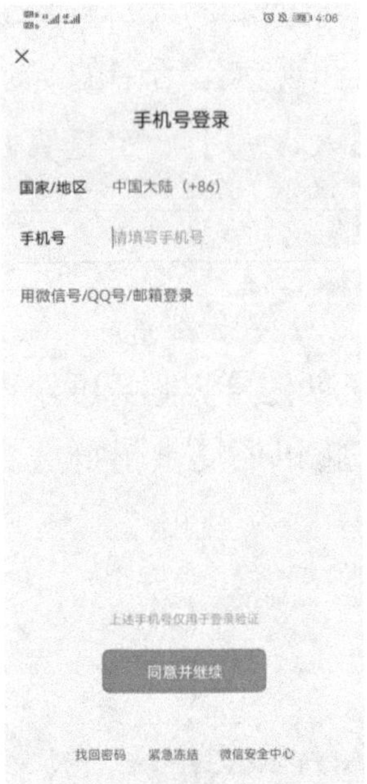

图 3-1-19　登录微信

图 3-1-20　登录成功

（4）点击“+”按钮，在下拉菜单中点击“添加朋友”选项，进入添加朋友操作界面，如图 3-1-21 所示。输入微信号、QQ 号或手机号，可查找、添加好友。若选择“雷达加朋友”或“扫一扫”选项，可以添加身边的朋友，如图 3-1-22 所示。

图 3-1-21　添加朋友

图 3-1-22　查找朋友

（5）选择好友，输入要发送的文字信息，点击“发送”按钮，信息发送至微信好友，如图 3-1-23 所示。

（6）在信息发送界面，点击“语音”按钮⊚，按下“按住说话”按钮，可将语音信息传送给对方，如图 3-1-24 所示。点击“位置”按钮，可以发送“位置”信息点击“视频通话”按钮进行视频聊天，如图 3-1-25 所示。

图 3-1-23　发送文字信息

图 3-1-24　发送语音信息

图 3-1-25　其他类信息发送

提示

为了节省流量，可在 WiFi 环境中下载安装微信客户端，或观看微信接收的视频文件。

常见问题及解决策略

1. 出现 QQ 消息发送超时

出现此类情况，可能与本地计算机的设置及程序安装有关，建议的解决策略如下。

（1）检查是否为非官方 QQ 版本，是否装有某些非官方的 QQ 插件。

（2）将 QQ 软件完全卸载，再使用新路径安装官方最新版本。

（3）检测系统是否存在漏洞或有非法病毒代码入侵。

（4）测试网络是否稳定，若为网络稳定性造成的超时问题，应检查网络线路，同时也可咨询网络服务提供商。

2. QQ 账号被盗

QQ 账号丢失是实际应用中的常见问题，具有一定的防护意识可以有效保护账号安全。在确定账号被盗后，通过腾讯官网可以找回账号。通常从以下几个方面降低 QQ 解决账号被盗风险。

（1）不要随意登录来历不明的网站，不接收不明信息来源的文件，防止木马入侵计算机，建议安装 QQ 电脑管家，定期修复系统漏洞，保护计算机。

（2）采用多种方法进行 QQ 号码安全保护。例如，绑定密保手机，下载腾讯手机管家最新版本，开启 QQ 安全中心，设置 QQ 登录保护等。

（3）在登录 QQ 时，如果系统提醒账号异常，应立刻修改密码。

（4）使用复杂密码并定期修改密码，避免在其他网站透露 QQ 密码或随意告知他人。

（5）提高应用安全意识。例如，更新操作系统补丁，安装杀毒软件并及时更新病毒库，定期查杀病毒等，推荐下载 QQ 电脑管家管理系统。

（6）如果发现 QQ 账号被盗，可以进入 QQ 安全中心，输入自己的 QQ 号码，根据 QQ 号码的实际情况按页面的指引找回自己的 QQ 密码。

任务 3.2　信息发布

在日常生活中，我们会有很多经历与经验，也会有很多感想与感慨，更会有很多思考与发现，这些信息都可以通过网络发布出去，以便与更多的人交流、分享自己每时每刻的经历和感悟。网上有很多信息发布平台，完全能满足用户在网络自由发布信息的需要。

案例 6：使用新浪微博

微博（Weibo）是微型博客（MicroBlog）的简称，即一句话博客，也是一种通过关注机制分享简短实时信息的广播式的社交网络平台。

小李成功注册新浪微博后，开始利用微博和朋友分享、交流信息。他不仅及时发表对关注事件的看法，也和朋友分享快乐的心情，微博成了他传播正能量的有效平台。

任务活动

1．教师讲解、演示登录微博、使用微博的操作过程

（1）讲解关注、转发、评论、私信等操作。

（2）讲解微博操作过程并解决可能遇到的问题。

2．学生使用微博发布个人信息

（1）使用微博发布一句话消息，查看别人发布的消息。

（2）处理在使用微博过程中遇到的问题并找到解决办法。

3．师生讨论在使用微博过程中遇到的问题和解决方法

（1）怎样找到自己关注的人和事？

（2）怎样建立自己的好友圈？

任务操作

（1）打开浏览器，在地址栏中输入“新浪微博”网址，按【Enter】键，打开“新浪微博”登录页面，如图 3-2-1 所示。

图 3-2-1　“新浪微博”登录页面

（2）单击“立即登录”按钮，选择合适的登录方式，输入“账号”和相应的“密码”，单击“登录”按钮，按照提示完成验证，即可登录到“新浪微博”主页，如图 3-2-2 所示。

（3）在“新浪微博”主页编辑区域输入微博的文本内容、添加表情；单击“图片”按钮，按照提示在本地计算机上找到一张照片（也可以在主编辑区插入超话、视频等），如

图 3-2-3 所示；单击“发送”按钮，微博发布成功后的页面如图 3-2-4 所示。

图 3-2-2 “新浪微博”主页

图 3-2-3 “新浪微博”主页编辑区

图 3-2-4 微博发布成功后的网页

提示

①若没有微博账号，可单击“立即注册”链接，注册新浪微博账号。

②“[开学季]”是插入表情后自动生成的。

（4）单击网页最上方导航条中的“设置”按钮，在打开的菜单中单击“账号设置”命令，可以在打开的页面中修改“昵称”“简介”“个人基本资料”等信息。

（5）在“新浪微博”主页右侧个人头像上单击鼠标右键，进入新浪微博个人主页，如图 3-2-5 所示。

图 3-2-5　新浪微博个人主页

（6）单击网页上方导航条中的“首页”按钮，回到“新浪微博”主页，如图 3-2-6 所示。

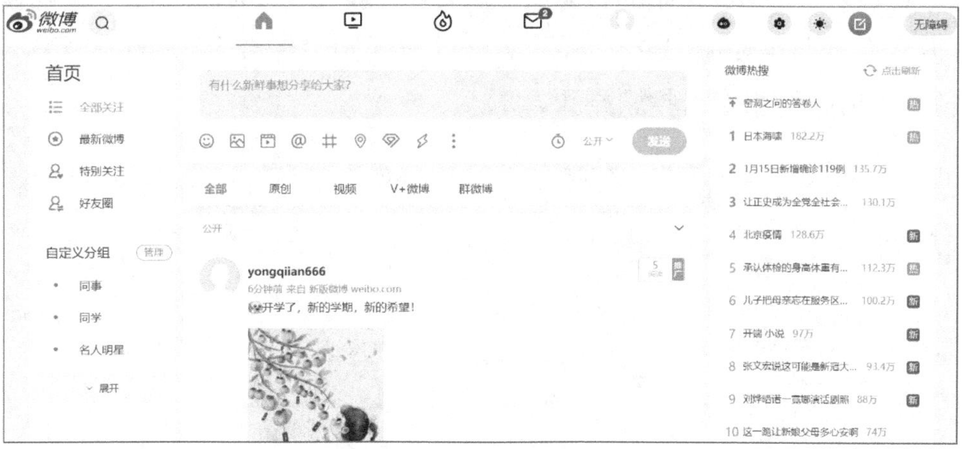

图 3-2-6　新浪微博主页

（7）单击微博主页“微博热搜”中的话题，如“让正史成为全党全社会的共识”，对应的正文内容会显示在主页中间位置；单击该话题主持人“半月谈”下方的“+关注”按钮，可关注用户“半月谈”，如图 3-2-7 所示。

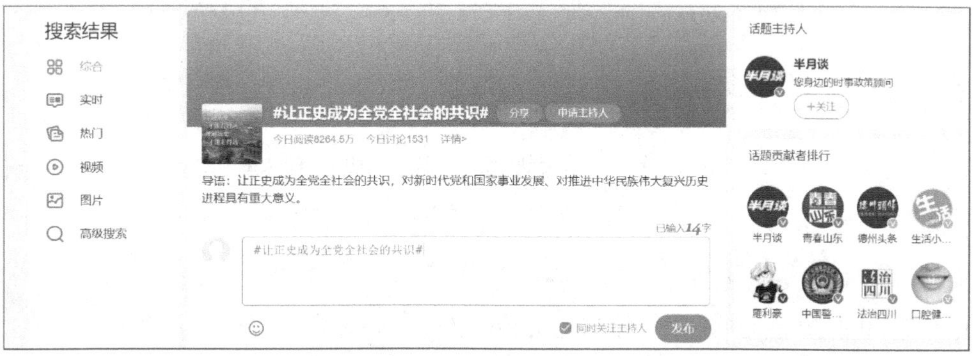

图 3-2-7　微博主页显示“让正史成为全党全社会的共识”话题

（8）单击话题“让正史成为全党全社会的共识”的正文内容下方的“赞”按钮，可以给该微博一个“赞”。

（9）单击“转发”按钮，打开“转发微博”面板，输入评论内容，勾选“同时评论给半月谈”选项，单击“转发”按钮，转发该微博到自己的微博，如图 3-2-8 所示。

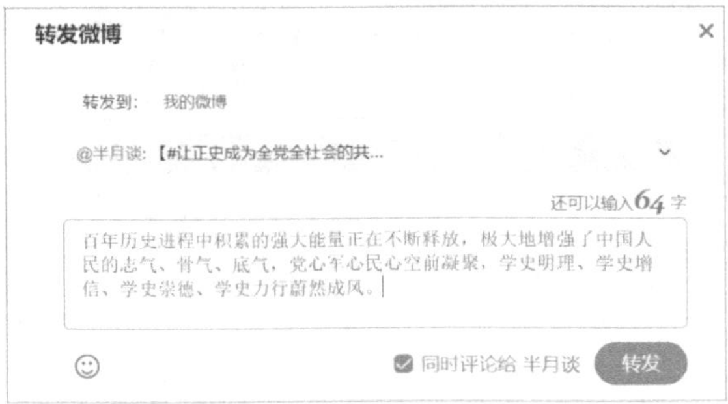

图 3-2-8　“转发微博”对话框

（10）单击“评论”按钮，可以对该微博进行评论，也可查看他人对该微博的评论。

（11）在网页最上方导航条中的搜索栏“搜索”框中输入关键词，单击“搜索”按钮，打开“微博搜索”页面，如图 3-2-9 所示，可以按类别“综合”“实时”“用户”“文章”“视频”“图片”“话题”来查看搜索结果。

图 3-2-9　“微博搜索”页面

知识链接

1．粉丝

粉丝，是英语“Fans”的谐音，原指追星一族。现在微博里的“粉丝”是指支持者，在微博、百度空间等多种网络空间里，粉丝就是博主、空间主的支持者。

在微博中，“关注”是指你关注的人，而“粉丝”则是指关注你的人。在登录微博后，在微博个人主页的头像下方会显示你关注的人数和关注你的人数。你“关注”的人越多，则你获取的信息量相对越大。你的“粉丝”越多，则表明你发表的微博可能会被越多人看到。

2. 好友圈

好友圈是微博的一种新的基于关系的半私密社交网，好友圈的关系核心是用户互为关注的好友，目的是为了促进用户在微博中的深层次关系，促进定向微博的信息发布。

用户可以在好友圈中实现以下功能：①向好友圈定向发布微博。②查看单独的好友圈微博消息，即好友的原创微博。

当发送微博时，若将发布按钮旁边的“公开”改为“好友圈”后发布，则此条微博仅限和你互为关注的好友可以看见，并且对方将收到好友圈消息的提醒。

3. 视频号

微博持续加大对于视频的投入，2021 年 3 月，微博视频号全面开放开通权限。泛生活和泛娱乐是微博集中覆盖的领域，同时，科普、法律、财经等泛知识领域的视频化进程也取得显著进展，对原有图文生态形成了补充和完善。

视频号开通后规模迅速扩大，涉及媒体、综艺、明星、搞笑、时尚美妆、电视剧、美食等 7 个领域，每天的视频播放量达到千万量级。微博于 2021 年年初升级推出连麦直播，支持多个博主和用户通过直播方式进行互动。

任务拓展：网络问答社区——知乎

微博是获取信息的有力平台，信息获取与分享呈几何级数增长，但大量转发会导致内容重复率居高不下，形成较多的信息垃圾。而知乎更多的是就某一个问题的交流，通过回答者不断的优化，最终获得不同角度的答案。知乎的回答者大多比较友好、理性，多以摆事实讲道理的姿态讨论，很多人都会在回复中引用出处或举证。不论是否注册知乎用户，都可以看到所有的问题和评论，注册后不分级别，都能参与知乎的提问与回复，也能点赞或反对，所有的参与者都是平等的，所以利用知乎网络问答社区，可以帮助大家解决一些难题。以下是在知乎网页版上提问、回答的操作方法。

（1）在浏览器地址栏中输入知乎网址，打开“知乎”官网页面，如图 3-2-10 所示。

图 3-2-10 “知乎”官网页面

（2）在登录页面中输入手机号并单击“获取短信验证码”按钮，按照提示进行验证操作，并将手机短信中的验证码输入登录界面，然后单击“登录”按钮，进入“知乎”首页，如图 3-2-11 所示。

图 3-2-11　“知乎”首页

（3）单击导航栏右边的“提问”按钮，打开“提问”面板，准确地写入问题，并仔细思考问题脉络，就像你希望别人认真回答你的问题一样，正确地使用标点符号和英文，不要出现错别字，在话题末尾一定要加上问号；给问题绑定合适的相关话题，单击“发布问题”按钮，内容将处于审核中，如图 3-2-12 和图 3-2-13 所示。

图 3-2-12　“提问”面板

图 3-2-13　问题处于审核中

（4）单击“邀请回答”按钮，可打开邀请专业人士回答的面板，邀请一人或多人来回答问题，如图 3-2-14 所示。

图 3-2-14　邀请专业人士回答面板

常见问题及解决策略

1. 发布微博时上传多张图片

发布微博时，可以直接上传多张图片。

（1）单击发布框的“图片”按钮，选择“添加图片”选项，按住【Ctrl】键即可选择多张图片进行上传。

（2）添加图片后，单击单张图片上的“删除”按钮，即可删除该图片。

（3）待选择的图片上传完毕，即可单击“发布”按钮，多图微博即发布成功，图片将以九宫格的形式展现。

2. 发布微博时加入视频

想要在微博中插入视频，可单击发布框的“视频”按钮，添加上传本地视频。从计算机中选择视频，大小不超过 15GB。支持格式包括微软视频格式的 wmv、avi、dat、asf；Real Player 格式的 rm、rmvb、ram；MPEG 视频格式的 mpg、mpeg；手机视频格式的 3gp；Apple 视频格式的 mov；Sony 视频格式的 mp4、m4v；DV 视频格式的 dvix、dv；其他格式的 mkv、flv、vob、qt、divx、cpk、fli、flc。

项目小结

本项目以训练借助网络传递信息为主要教学目的，以利用网络聊天工具聊天和网络微博发布信息两个具体任务为过程，通过知识学习和实际的操作训练即可达到项目设定的基本目标。

利用网络聊天工具聊天是网上交流和沟通的一种有效途径，正确使用网络聊天工具能拉近人们的距离，提高人们交流沟通的效率。掌握网上交流沟通的方法是信息化社会对每个人提出的基本要求。

正确利用微博在网络中发布信息是一种重要的信息发布渠道，它给普通群众提供了一种向社会发声的平台，因此被人们广泛地接受和使用。学会利用网络微博发布信息的方法，掌握利用网络微博发布信息的技巧，能够快速引起人们的关注。当然微博也是提高社会信息透明度和弘扬正能量的平台。

项目考核

学习任务完成后，可以进行自评、互评和教师点评，形成个人和学习小组任务完成情况总体评价。合作学习评价的内容和要求参见项目 1，知识、技能评价的内容和要求如下。

（1）对网络聊天工具的了解。

能够清楚描述网络聊天工具的功能和使用方法，理解网络聊天对人们的帮助作用。

（2）使用网络聊天工具的熟练程度。

能够使用网络聊天工具与人进行有效的交流和沟通。

（3）对利用微博在网上发布信息技巧的了解。

了解微博在网上发布信息的作用和技巧，学会关注网上发布的信息。

（4）使用微博的熟练程度。

学会使用微博在网上发布信息，能够借助微博快速地传递信息。

项目习题

1. 单项选择题

（1）QQ 中一陌生人以昵称“可爱美少女”请求和你聊天，对该网友性别的判断是（　　）。

A. 女　　B. 男　　C. 不确定　　D. 可以推断

（2）如果你的 QQ 号码被盗，你应该（　　）。

A. 痛哭流涕　　B. 以牙还牙，盗其他用户的 QQ 号码

C. 大骂盗号贼　　D. 到腾讯官网主页找回密码

2. 多项选择题

（1）使用 QQ，你能够（　　）。

A. 放音乐给对方听　　B. 视频聊天

C. 玩游戏　　D. 发短信

（2）以下能够重新设置的是（　　）。

A. QQ 密码　　B. 用户昵称　　C. QQ 账号　　D. 用户性别

（3）添加微博关注有很多方式，最常见的几种方式包括（　　）。

A．可能通过搜索找到自己的目标微博，添加关注

B．在自己微博界面上发掘带@的用户，单击进入添加关注

C．通过微群里面的成员添加关注

D．通过粉丝可以添加关注

（4）关于 QQ 个性签名的完整解释是（　　）。

A．个性签名是指自定义描述用户职业、性格和爱好的关键词，通过搜索标签可以发现与用户同行业、同爱好、同性格或有共同经验的人

B．个性签名无字数限制

C．个性签名数量无设置上限

D．不设个性签名别人就找不到用户

3．判断题

（1）QQ 聊天工具只能向好友发送文本和图片信息。（　　）

（2）QQ 聊天工具可以向 QQ 群中的某个用户发送信息，虽然该用户不在好友列表中。（　　）

（3）国内最早的微博平台是新浪微博。（　　）

（4）你在微博上的分组别人是看不到的。（　　）

（5）“转发”主要指通过单击“转发”按钮传播该博文信息，转发时可以加入转发的理由。（　　）

4．简答题

（1）怎样给 QQ 好友发送文件？

（2）你加入了某个 QQ 群吗？QQ 群给你的工作和生活带来了哪些便利？

（3）你喜欢用微博发布哪方面的信息？

（4）怎样提高个人微博的人气？

（5）为什么说“微博改变生活”？

5．实训题

（1）选一个话题和你的 QQ 好友聊天 10 分钟。

（2）发布、关注、转发、点赞微博，建立自己的好友圈。

项目 4
网上娱乐

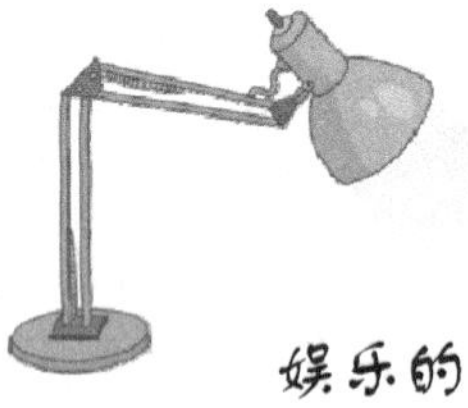

娱乐的含义非常宽泛，可以指快乐有趣、使人欣喜的活动，也可以指参与某活动获得的个人感受。当然，娱乐也是人们追求快乐、缓解社会生存压力的一种天性。正是因为如此，在信息时代的网络社会，娱乐生活也必然成为人们网络应用的重要内容。

项目目标

（1）了解网上娱乐的基本内涵，学会利用音频播放工具欣赏网上音乐，强化音乐鉴赏能力。

（2）了解网络视频文件，学会播放各种网上视频文件，提升视频观赏能力。

（3）了解网上娱乐项目，能够参与自己感兴趣的网上娱乐活动，提高网上活动能力。

（4）了解中华优秀传统文化，涵养内在精神，追求真善美。

任务 4.1　音乐欣赏

音乐是以声音为表现手段的一种艺术形式，如同文学是语言艺术一样，音乐是声音的艺术。作为音乐艺术表现手段的声音，有与自然界的其他声音不同的一些特点。

任何一部音乐作品所发出来的声音都是经过作曲家精心创作出来的，这些声音在自然界中可以找到，但是没有经过艺术家的创作与组合，就无法成为美妙的音乐。所以，无论是一首简单的歌曲，还是一部规模宏大的交响乐，都渗透着作者的创作思维与灵感。构成音乐的声音要有组织、规律、和谐，其中包括旋律、节奏、调式、和声、复调、曲式等音乐要素。没有创造性的参与因素，任何声音都不可能变成音乐。

案例 7：在酷狗网站听歌

欣赏网上音乐要借助于网上音乐播放器，现有的音乐网站提供的播放器种类很多，常用的有百度音乐、QQ 音乐、网易云音乐、酷我音乐盒、酷狗、Winamp 等，每种播放器不仅提供了音乐播放功能，还提供了音乐播放以外的其他功能，用户可以根据自己的喜好和需要选择使用。

目前，酷狗网站是常用的音乐播放网站，也是人们常用的音乐欣赏工具，学会熟练使用酷狗欣赏音乐自然也成为网络应用的基本要求。小李的计算机上就安装了酷狗客户端，并经常登录酷狗音乐网站收听新歌、好歌，或参加音乐名人的网上访谈等活动，他已成为应用酷狗欣赏音乐的高手。

任务活动

1．教师讲解、演示欣赏网上音乐的操作过程

（1）讲解音乐艺术和音乐欣赏。

（2）讲解常用的音乐播放网站及操作方法。

2．学生选择自己感兴趣的音乐网站欣赏音乐

（1）选择音乐网站，搜索感兴趣的音乐。

（2）处理在操作过程中出现的问题并总结解决办法。

3．师生讨论在音乐欣赏过程中遇到的问题和解决方法

（1）酷狗提供的多种功能对欣赏音乐有哪些帮助作用？

（2）如何培养自己的音乐素养？

任务操作

（1）在 Android 版智能手机中下载安装“酷狗音乐”App 并打开，如图 4-1-1 所示。

（2）在登录界面中，勾选下方的“同意《中国移动认证服务条款》《用户协议》和《隐私政策》”复选框，点击“本机号码一键登录”按钮，进入“手机号登录”界面，如图 4-1-2 所示。

（3）单击“创建新账号”按钮，进入“让大家更好地认识你”界面，设置“头像”“昵称”“性别”等信息，单击“开启酷狗音乐”按钮，如图 4-1-3 所示，进入“账号绑定”界面，如图 4-1-4 所示。

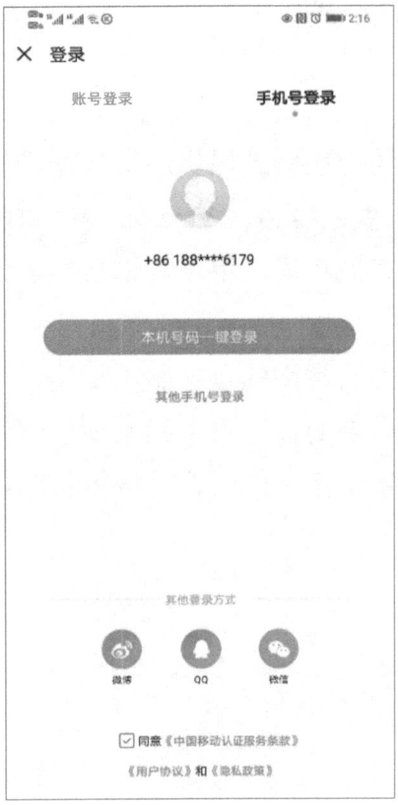

图 4-1-1　“酷狗音乐”App 登录界面

图 4-1-2　手机号登录界面

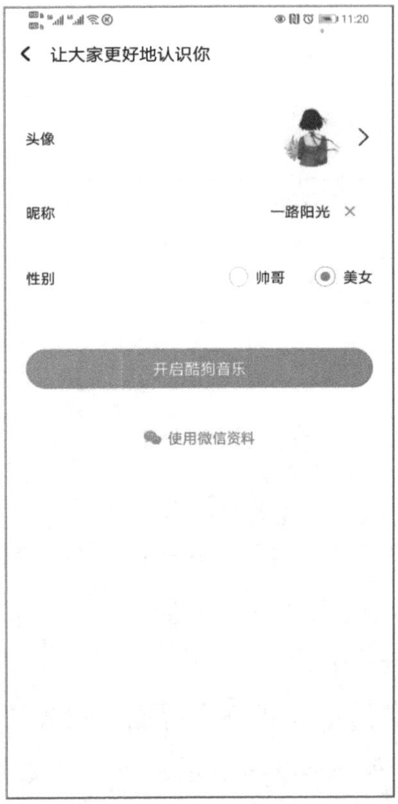

图 4-1-3　“让大家更好地认识你”界面

图 4-1-4　“账号绑定”界面

（4）在“账号绑定”界面，选择一种绑定方式，可以防止账号丢失及实现快捷登录，然后按提示完成注册过程，即可登录手机移动端“酷狗音乐”App。

（5）打开浏览器，在地址栏中输入酷狗音乐网址，按【Enter】键，打开“酷狗音乐”主页，如图 4-1-5 所示。

图 4-1-5 “酷狗音乐”主页

（6）单击“登录”按钮，打开“登录”界面，输入手机号，并按提示进行验证操作后输入验证码，如图 4-1-6 所示，即可登录“酷狗音乐”网站，在主页导航栏右侧可以看见用户的头像及昵称。

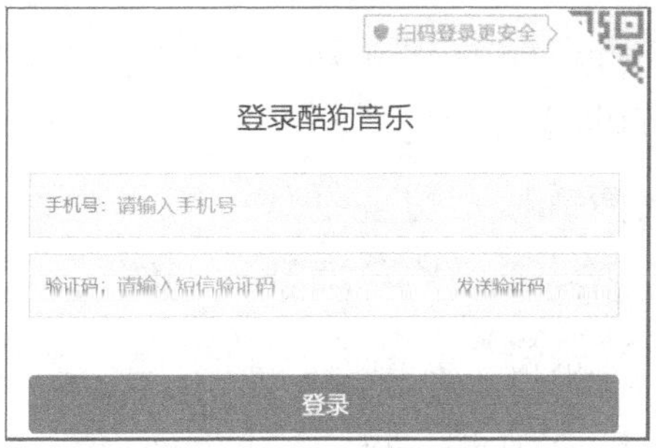

图 4-1-6 “登录”界面

提示

①目前“酷狗音乐”网站不能注册新用户，只能使用手机移动端“酷狗音乐”App 注册账号。

②使用手机号注册时，用户手机将接收验证信息，并提示用户绑定微信或 QQ。

（7）搜索并选择歌曲，双击选中歌曲，打开“网页播放器”页面，如图 4-1-7 所示，开始播放选中歌曲。

图 4-1-7 “网页播放器”页面

提示

不使用注册账号登录，同样可以打开网页播放器听歌，但使用注册账号登录则可以得到更多的服务。

知识链接

1. 查找歌曲

音乐网站为用户提供了多种音乐发现途径，无论用户是有着明确的音乐需求，还是只想随便听听，在音乐网站都可以得到满足。在网站上提供的精选歌单、热门榜单、新歌首发、音乐搜索、热门歌手、友情链接及更多播放列表等栏目，都是以音乐集合的形式组合乐曲以方便用户查找。以下是酷我音乐的各项查找功能。

（1）推荐。汇集了海量的音乐资源，既有最新单曲，又有热门榜、欧美榜等各类榜单。用户只需选中其中的乐曲，单击“播放”按钮，即可欣赏。

（2）个性化推荐。根据用户的收听习惯，每天为用户推荐优质内容。

（3）搜索引擎搜索歌曲。支持拼音搜索、歌词搜索，模糊搜索，让用户立刻找到自己喜欢的歌曲。

（4）歌手列表。如果对某位歌手情有独钟，可以通过“歌手列表”栏目，轻松找到这位歌手的相关音乐资源。歌手根据姓氏拼音排列，单击相应字母，即可看到该字母下的歌手。单击歌手，即可找到该歌手相关的音乐资源。

2. 音乐播放器

音乐播放器是一种用于播放各种音乐文件的多媒体播放软件，其实质是针对各种音频编码格式文件的解码器。多数音乐播放器支持播放多种音乐格式的文件，且从理论上讲所有播放器的音质完全相同，不存在音质最好的音乐播放器。但是，有些音乐播放器在解码器的基础上添加了 DSP 插件，对原始的音乐进行转换，如加强低音或过滤细节优化音质，其实质是破坏原本音乐，虽然能够使部分音乐更加好听，但也导致一些音乐的音质大打折扣。

音乐播放器的人性化界面和扩展性也是各种音乐播放器的特色，商业版播放器的界面较为华丽，操作也十分简便，但缺乏扩展性，支持格式较少。开源播放软件一般能够较好地进行扩展，支持较多的音乐格式，但界面简单朴素。

任务拓展：参与网上娱乐活动

多数音乐网站提供给网民自愿在线参与的娱乐节目。例如，进入直播大厅和主播聊天、参加明星访谈和明星对话等，使用酷我音乐参加“酷我音乐人”的具体方法如下。

（1）打开浏览器，在地址栏中输入酷我音乐网址，按【Enter】键，打开“酷我音乐”主页，如图 4-1-8 所示。

图 4-1-8 “酷我音乐”主页

（2）单击导航栏中的“更多”链接，在打开的菜单中选择“酷我音乐人”选项，如图 4-1-9 所示，在打开的网页中单击“进入酷我音乐开放平台”按钮，如图 4-1-10 所示，进入注册页面，按照提示输入个人信息，并在完成后单击“提交”按钮。平台会在 48 小时内完成资料审核，用户也可以在当前页面查看进度。

图 4-1-9 导航栏中的“更多”链接

图 4-1-10 “酷我音乐开放平台”页面

（3）在资料审核通过后，用户即可上传音乐作品。

常见问题及解决策略

1．播放网络音乐都需连接网络

一般来说，初次使用音乐播放软件听网络歌曲时，所需资源要到网络上去寻找，而再次播放收集的歌曲时，即使没有连接网络，音乐播放软件也可以进行歌词展示、MV 播放和歌曲播放。但是，仅在缓存中保存的音乐资源会在清除缓存时消失。

2．无法正常播放歌曲

无法正常播放网上歌曲的原因很多，应针对故障现象寻找原因，并提出解决策略。

（1）如果是网络连接有问题，应检查网络连接是否正常。

（2）若是防火墙阻挡，应在防火墙的“访问规则”中将播放器程序设置为允许。

（3）出现花屏问题一般是由于播放器组件不全或版本过低等问题引起的，重装播放器或安装更高版本的播放器即可。

（4）不兼容问题通常是由系统造成的，繁体操作系统和英文操作都可能有兼容性问题，如酷我音乐盒只支持中文操作系统，英文、日文等操作系统等出现乱码情况。

Windows 10 操作系统如果无法正常播放音乐，可以使用以下方法解决。

（1）同时按【Win+R】组合键，输入“msconfig”，按【Enter】键。

（2）在“系统配置”对话框的“服务”选项卡中，勾选对话框下方的“隐藏所有 Microsoft 服务”复选框，然后单击“全部禁用”按钮。

（3）在“系统配置”对话框的“启动”选项卡中，单击“打开任务管理器”链接，在打开的“任务管理器”窗口中单击“启动”选项卡，依次选中每个启动项并单击“禁用”按钮，然后关闭“任务管理器”。

（4）在“系统配置”对话框的“启动”选项卡中，单击“确定”按钮，并重新启动计算机。

任务 4.2　观看网络视频

网络视频是网络服务商在网上为网民提供的声像文件，其内容极其丰富，不仅有各类影视、娱乐节目，也有新闻、广告、Flash 动画、自拍 DV、聊天视频和游戏视频等，完全能够满足人们生活、工作和娱乐的需要。熟练掌握观看网络视频的技能，也是信息社会网上生活的一项重要内容。

案例 8：观看优酷网视频

网络视频是指在网上传播的视频资源，狭义的网络视频是指网络电影、电视剧、新闻、综艺节目、广告等视频节目，广义的网络视频还包括自拍的 DV 短片、视频聊天、视频游戏等。

优酷网是拍客们的聚集地，也是网民欣赏视频的绝佳场所，随着视频传播信息量的逐渐增加，利用优酷网观看视频自然成为网络应用的基本内容。小李就是优酷网的常客，他不仅经常登录优酷网观看视频，也把自己拍摄的视频上传到网上供人欣赏，相信日积月累，他一定会把自己练成优秀的拍客。

任务活动

1．教师讲解、演示观看网上视频的操作过程

（1）讲解网上视频文件格式和播放要求。

（2）讲解利用视频播放工具播放视频的操作。

2．学生播放不同文件格式的视频

（1）了解视频文件格式与播放工具应用。

（2）在播放视频文件过程中出现了哪些问题？如何解决？

3．师生讨论在播放网上视频过程中遇到的问题和解决方法

（1）视频文件与播放工具的关系。

（2）如何保证网上视频流畅播放？

任务操作

（1）打开浏览器，在地址栏中输入优酷网址，按【Enter】键，打开“优酷”主页，如图 4-2-1 所示。

图 4-2-1 “优酷”主页

（2）单击右上角的“未登录”头像，在弹出的菜单中单击“立即登录”按钮，在打开的页面中单击“注册”链接，打开“优酷用户注册”页面，如图 4-2-2 所示。

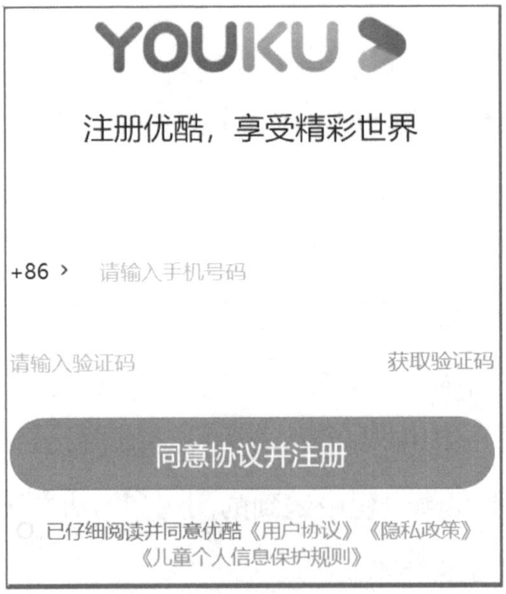

图 4-2-2 “优酷用户注册”页面

（3）按提示输入手机号码，并单击“获取验证码”链接，拖动滑块进行安全校验，输入手机短信获得的验证码，勾选“已仔细阅读并同意优酷《用户协议》《隐私政策》《儿童个人信息保护规则》”，单击“同意协议并注册”按钮，完成注册。

提示

用户可以用支付宝、微信、QQ、微博扫描二维码或通过淘宝授权登录优酷网站。

（4）注册完成后，将鼠标悬浮在右上角的头像上，会出现系统为用户分配的昵称，表示新用户已登录优酷网，如图 4-2-3 所示。

图 4-2-3 注册完成后打开的页面

（5）单击导航左侧的优酷图标，可以进入优酷网首页。

（6）在优酷网首页，选择观看的视频，单击，即可观看所选视频，如图 4-2-4 所示。

提示

一般网站都允许非注册用户使用，若选择注册后使用，则可以得到更多的服务功能。

图 4-2-4 选择视频

（7）单击“上传”按钮，打开“上传视频”网页，单击“上传本地视频”按钮，如图 4-2-5 所示，找到要上传的本地视频，即可发布视频。

图 4-2-5　“上传视频”网页

知识链接

1. 常见的视频文件格式

（1）MPEG/MPG/DAT。

MPEG 是 Motion Picture Experts Group 的缩写，该类格式包括 MPEG-1、MPEG-2 和 MPEG-4 多种视频格式。MPEG-1 被广泛地应用在 VCD 和一些视频片段上，大部分的 VCD 都使用 MPEG-1 格式（刻录软件自动将 MPEG-1 转换为 DAT 格式），使用 MPEG-1 压缩算法，可以把一部 120 分钟左右的电影压缩到 1.2GB 大小。MPEG-2 多应用于 DVD 制作，在一些 HDTV（高清晰电视广播）和一些高要求的视频编辑、处理上也有应用。MPEG 系列标准已成为国际上影响最大的多媒体技术标准，其中 MPEG-1 和 MPEG-2 是采用相同原理的第一代数据压缩编码技术。MPEG-4（ISO/IEC 14496）是基于第二代压缩编码技术制定的国际标准，它以视听媒体对象为基本单元，采用基于内容的压缩编码，以实现数字视音频、图形合成应用及交互式多媒体的集成。MPEG 系列标准对 VCD、DVD 等视听消费电子及数字电视和高清晰度电视、多媒体通信等信息产业的发展产生了巨大而深远的影响。

（2）AVI。

AVI 是 Audio Video Interleaved 的英文缩写，AVI 格式调用方便，图像质量好，压缩标准可任意选择，是应用最广泛，也是应用时间最长的格式之一。

（3）MOV。

MOV 是一种音频、视频文件封装，用于存储常用数字媒体类型的视频文件格式。MOV 在某些方面比 WMV 更优秀，能被众多的多媒体编辑及视频处理软件所支持。

（4）ASF。

ASF（Advanced Streaming Format），即高级流格式，是一种可以直接在网上观看视频节目的文件压缩格式。ASF 使用了 MPEG-4 压缩算法，压缩率和图像的质量都很不错。因为 ASF 以在网上即时观赏的视频“流”格式存在，所以它的图像质量比 VCD 差一点，但比同类视频“流”格式的 RAM 要好。

（5）WMV。

WMV 是一种独立于编码方式的互联网实时传播多媒体的技术标准。WMV 的主要优点在于可扩充的媒体类型、本地或网络回放、可伸缩的媒体类型、流的优先级化、多语言支持、扩展性等。

（6）NAVI。

NAVI 是一种新视频格式。它是由 Microsoft ASF 压缩算法修改而来，由于该视频格式追求的是压缩率和图像质量，所以 NAVI 改善了原始 ASF 格式的一些不足，让 NAVI 可以拥有更高的帧率。可以说，NAVI 是一种去掉视频流特性的改良型 ASF 格式。

（7）3GP。

3GP 是一种 3G 流媒体的视频编码格式，主要是为了配合 3G 网络的高传输速度而开发的，也是目前手机中最为常见的一种视频格式。

简单地说，该格式能使用户在使用手机时享受高质量的视频、音频等多媒体内容。其核心包括高级音频编码（AAC）、自适应多速率（AMR）、MPEG-4 和 H.263 视频编码解码器等，目前大部分支持视频拍摄的手机都支持 3GP 格式的视频播放。其特点是带宽占用较少，但画质较差。

（8）Real Video。

Real Video（RA、RAM）格式一开始就定位在视频流应用方面，也可以说是视频流技术的始创者。它可以在 56K MODEM 拨号上网的条件下实现不间断的视频播放，当然，其图像质量和 MPEG-2、DIVX 等无法相比。因为要实现在网上不间断地传输视频，需要很强大的带宽数据传输功能。

（9）MKV。

MKV 可在一个文件中集成多条不同类型的音轨和字幕轨，而且其视频编码的自由度也非常大，可以是常见的 DivX、XviD、3ivX，甚至可以是 RealVideo、QuickTime、WMV 流式视频。实际上，它是一种全称为 Matroska 的新型多媒体封装格式，这种先进的、开放的封装格式已经给我们展示出了非常好的应用前景。

（10）FLV。

FLV 是一种新的视频格式。由于它形成的文件极小、加载速度极快，使得网络观看视频文件成为可能，它的出现有效地解决了视频文件导入 Flash 后，导致文件体积庞大，不能在网络上很好使用等问题。

（11）F4V。

作为一种更小更清晰，更利于在网络传播的文件格式，F4V 已经逐渐取代了传统的 FLV，被大多数主流播放器兼容播放。F4V 是 Adobe 公司为了迎接高清时代而推出继 FLV 格式后的支持 H.264 的流媒体格式。它和 FLV 主要的区别在于，FLV 格式采用的是 H.263

编码，而 F4V 则支持 H.264 编码的高清晰视频。F4V 和 FLV 在同等体积的前提下，能够实现更高的分辨率，并支持更高比特率，就是人们所说的更清晰更流畅。另外，很多主流媒体网站上下载的 F4V 文件后缀却为 FLV，这是 F4V 格式的另一个特点，属正常现象，观看时可明显感觉到这种实为 F4V 的 FLV 有明显更高的清晰度和流畅度。

（12）RMVB。

RMVB 的前身为 RM 格式，是 Real Networks 公司所制定的音频、视频压缩规范，根据不同的网络传输速率，制定出不同的压缩比率，从而实现在低速率网络上进行影像数据实时传送和播放，具有体积小，画质清晰的优点。目前计算机的视频文件中，超过 80%的是 RMVB 格式。

（13）WebM。

WebM 是一种开放的、免费的媒体文件格式。WebM 影片格式其实是以 Matroska（即 MKV）格式为基础开发的新格式，里面包括了 VP8 影片轨和 Ogg Vorbis 音轨。WebM 标准的网络视频更加偏向于开源并且是基于 HTML5 标准，WebM 项目旨在为每个人都开放的网络开发高质量、开放的视频格式，其重点是解决视频服务这一核心的网络用户体验。WebM 的格式可以在 Netbook、Tablet、手持式设备上面顺畅地使用。

2．网络电视

网络电视又称 IPTV（Interactive Personality TV），是基于宽带高速 IP 网，以网络视频资源为主体，将电视机、个人计算机及手持设备显示终端，通过机顶盒或计算机接入宽带网络，实现数字电视、时移电视、互动电视等服务，网络电视的出现给人们带来了一种全新的电视观看方法，它改变了以往被动的电视观看模式，实现了电视以网络为基础按需观看、随看随停的便捷方式。

从总体上讲，网络电视可根据终端分为四种形式，即 PC 平台、TV（机顶盒）平台、3G（4G 或 5G）网络技术平台（网络电视）和手机平台（移动网络）。

通过 PC 收看网络电视是当前网络电视收视的主要方式，因为互联网和计算机之间的关系最为紧密，已经商业化运营的系统基本上属于此类。基于 PC 平台的系统解决方案和产品已经比较成熟，并逐步形成了部分产业标准，各厂商的产品和解决方案都有较好的互通性和替代性。

基于 TV（机顶盒）平台的网络电视以 IP 机顶盒为上网设备，利用电视作为显示终端。虽然电视用户多于 PC 用户，但由于电视机的分辨率低、体积大（不适宜近距离收看）、收费高、资源受限等缘故，使网络电视也处于不断改进中。

3G 网络技术平台是建立在网络电视基础之上，是融合 3D 显示、纯光侧置技术、互动网络技术的智能终端。

手机电视是 PC 网络的子集和延伸，通过移动网络传输视频内容。由于它可以随时随地收看，且用户基础巨大，所以可以自成一体。

网络电视的基本形态是视频数字化、传输 IP 化、播放流媒体化。

任务拓展：观看网络电视

网上在线观看电视节目是网络生活的一项重要内容，在网上不仅可以实时观看电视节目，也可以观看因特殊原因遗漏收看的电视节目。目前，提供电视直播的网站有很多，也有专门的网络电视播放软件，完全能满足用户网上看电视的基本需求。在网上观看中央电视台的电视节目的操作方法如下。

（1）打开浏览器，在地址栏中输入央视网的网址，按【Enter】键，打开“央视网”主页，如图 4-2-6 所示。

图 4-2-6　“央视网”主页

（2）单击“CCTV 直播”链接，在打开的菜单中选择“直播”选项，打开“CCTV 节目官网”网页，单击“频道大全”按钮，可打开“频道大全”菜单，如图 4-2-7 所示。

图 4-2-7　“频道大全”菜单

（3）单击“CCTV1”按钮，打开视频播放窗口，选择节目列表中的“晚间新闻”选项，在线观看电视节目，如图 4-2-8 所示。

图 4-2-8　在线观看电视节目

常见问题及解决策略

1．视频文件不能正常播放

视频文件不能播放的原因有多种，如文件损坏、文件格式不匹配等，都可能会导致视频文件不能正常播放。出现视频文件不能正常播放问题，应先查看播放器是否允许播放该类文件格式的视频，如果播放器不支持视频文件格式，可更换支持视频文件格式的播放器播放，或转换文件格式后再播放。如果是文件损坏导致不能正常播放，应修复损坏文件或寻找能替换的视频资源。

2．找不到所需要的视频资源

用户找不到自己所需要的视频资源要分为两种情况考虑，第一种情况是应该存在的网络视频资源自己找不到，第二种情况是不知道是否存在该视频资源。对于第一种情况，需要在一个网站详细查找，若在该网站中未找到，可以更换网站查找。对于第二种情况，只能多在一些网站试着查找，若确实找不到，有可能是不存在，应想其他办法解决。

项目小结

网上娱乐的内容非常宽泛，本项目以最常见的音乐欣赏和观看网上视频为代表，介绍相关知识和技能。网络不仅是工作和学习的工具，也是人们休闲娱乐的好帮手。

网上欣赏音乐以酷狗网为对象，以网上听歌为过程，讲解网上音乐欣赏的基本操作，希望能够帮助学习者学会利用网络音乐工具欣赏音乐。观看网上视频以优酷网为对象，以观看网上视频为过程，讲解观看网上视频的基本操作，相关内容是观看网上视频的基础，学习者经过不断实践一定会全面了解视频播放工具，熟练利用视频网站满足娱乐需求。

项目考核

学习任务完成后，可以进行自评、互评和教师点评，形成个人和学习小组任务完成情况总体评价。合作学习评价的内容和要求参见项目一，知识、技能评价的内容和要求如下。

（1）对音频文件的认识。

要求了解音频文件，并知道文件格式对播放器的影响。

（2）利用音乐网站欣赏音乐。

能够正确注册成为某音乐网站的用户，并能够熟练搜索音乐和使用播放工具欣赏音乐。

（3）对视频文件的认识。

要求了解视频文件，并能够清楚说明视频文件对播放效果的影响。

（4）利用视频网站观看视频。

能够熟练选择视频网站观看视频和观看网络电视。

项目习题

1. 单项选择题

（1）酷狗（KuGou）是（　　）音乐共享网站。

A．B2B　　B．P2P　　C．C2C　　D．D2D

（2）在音乐欣赏的最初阶段，主要靠（　　）对音响的感受。

A．感官　　B．观看　　C．理解　　D．阅读

（3）音乐网站为用户提供（　　）音乐发现途径。

A．一种　　B．二种　　C．三种　　D．多种

（4）网络电视基于宽带高速（　　）网，以网络视频资源为主体，将电视机、个人计算机及手持设备作为显示终端。

A．IP　　B．局域　　C．城域　　D．电视

2. 多项选择题

（1）构成音乐的声音包括（　　）等要素。

A．旋律　　B．节奏　　C．调式　　D．和声

（2）音乐播放器种类很多，常用的有（　　）等。

A．QQ 音乐　　B．酷我音乐盒　　C．Winamp　　D 百度音乐

（3）网络视频是网络服务商在网上为网民提供的声像文件，包括（　　）等。

A．娱乐节目　　B．Flash 动画　　C．游戏视频　　D．自拍 DV

3．判断题

（1）登录网络听歌，注册和不注册一样。 （　　）

（2）个别音乐网站提供有网民自愿在线参与的娱乐节目。 （　　）

4．简答题

（1）下载网站提供的客户端播放音乐的优点有哪些？

（2）文件格式转换的目的是什么？

（3）使用网络观看电视节目的优点有哪些？

5．实训题

（1）注册成为某音乐网站的合法用户后欣赏音乐。

（2）登录网站，观看网络电视节目。

项目 5

网上购物

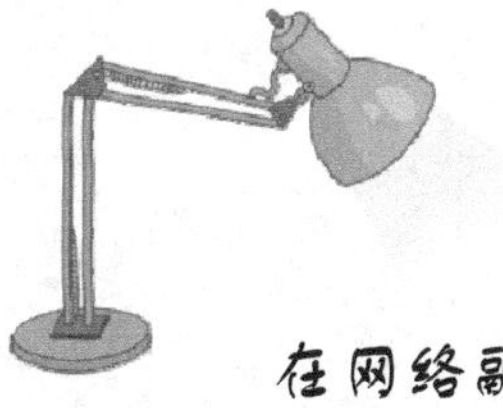

在网络融入人们生活的今天，网上购物作为一种快捷、方便、时尚的消费方式，越来越受到人们的青睐。打开计算机，进入网上商城，各种商品应有尽有，网上购物既节省了时间，又免去了逛商场的劳累，使购物变得十分轻松快捷。

项目目标

（1）了解网购方法，学会在淘宝、京东等网上商城中购物，提高网络技术应用能力。

（2）了解网上支付方法，能够利用支付宝和网上银行进行网上支付，强化网络生活能力。

（3）了解中国网络商城的发展过程，弘扬自强不息的伟大民族精神。

任务 5.1　网上购书

网上购物是指顾客在互联网上浏览和选择商品，下订单确定购买商品，通过个人银行账户支付或货到付款给商家，商家通过物流公司将商品送货上门的购物方式。互联网技术的发展和普及，使得网络购物的优点更加突出，网上购物也因此成为一种重要的生活消费形式。

案例 9：淘宝网购书

网上商城是建立在网络世界中的虚拟商城，与传统超市及百货公司不同，到网上商城消费的顾客无须出门，而是在家中通过计算机选购。而网店的老板也不用将笨重的商品搬到店铺等着顾客上门，而是将商品的照片及影像以多媒体的方式通过万维网（World Wide Web）呈现在消费者的计算机屏幕上。通过网上商城的逛街购物方式，消费者即可在家中选购日常用品。

淘宝网是中国深受欢迎的网购零售平台，小李是淘宝网的常客，几年前他就注册了淘宝账号，并经常在淘宝网购买书籍和小商品，省时省钱还方便。

任务活动

1. 教师讲解、演示网上购物的操作过程

（1）讲解网上商城、网店、购物车、订单。

（2）讲解网络购物过程并解决可能遇到的问题。

2. 学生选择自己感兴趣的商品进行试购买

（1）登录网上商城、选购物品、下订单。

（2）处理在网上购物过程中遇到的问题并总结解决办法。

3. 师生讨论在网上购物过程中遇到的问题和解决方法

（1）同一种商品在多个网店都有的情况下，你会怎样选择？

（2）决定购买某种商品前，你想和店主沟通哪些问题？

任务操作

（1）打开浏览器，在地址栏中输入淘宝网的网址，按【Enter】键，打开“淘宝网”首页，如图 5-1-1 所示。

图 5-1-1 “淘宝网”首页

（2）单击“亲，请登录”链接，打开淘宝网登录页面，如图 5-1-2 所示。

图 5-1-2　淘宝网登录页面

（3）选择密码登录或短信登录方式，填好信息后单击“登录”按钮，或用手机中的淘宝或天猫 App 直接扫码登录到淘宝网，如图 5-1-3 所示。

图 5-1-3　登录淘宝网

提示

若没有淘宝网账号，可以单击“免费注册”链接，通过手机验证即可完成注册。

（4）进入首页，在主题市场区域选择“图书音像”链接，打开天猫的“图书分类”页面，如图 5-1-4 所示。

图 5-1-4　“图书分类”页面

（5）在搜索栏中输入搜索图书的关键词，如“计算机网络”，单击“搜索”按钮，打开“搜索结果”页面，如图 5-1-5 所示。

图 5-1-5　“搜索结果”页面

（6）在搜索结果中，选择感兴趣的商品，单击商品的“标题”或“图片”，可查看商品详细信息，如图 5-1-6 所示。

图 5-1-6　商品详细信息

（7）单击“加入购物车”，显示“加入购物车”提示页面，如图 5-1-7 所示。

图 5-1-7　“加入购物车”提示页面

（8）继续浏览其他商品，如果没有新增物品，单击“购物车”链接，进入“淘宝购物车”页面，如图 5-1-8 所示。

图 5-1-8　“淘宝购物车”页面

（9）确认选购商品无误后，单击“结算”链接，进入“确认订单信息”页面，如图 5-1-9 所示。

图 5-1-9　“确认订单信息”页面

（10）选择收货人信息、支付方式等，确认信息无误后，单击“提交订单”按钮，显示支付信息，如图 5-1-10 所示。

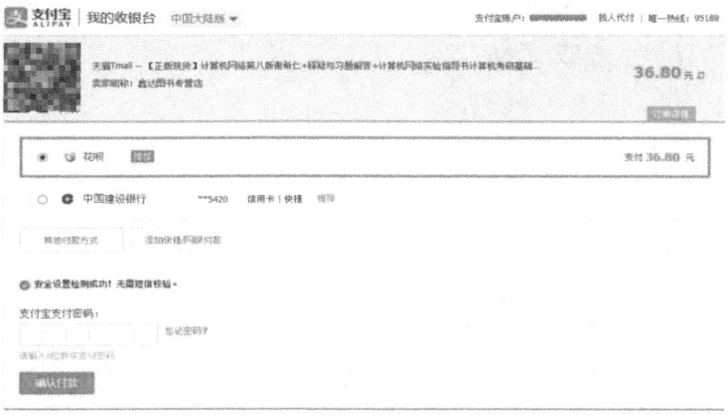

图 5-1-10　“订单提交”提示信息

（11）输入支付密码付款，也可用手机扫描左上角支付宝二维码付款，完成商品订购。

知识链接

1. 电子商务

电子商务通常是指在全球各地基于互联网开放的网络环境进行销售商品、提供服务等的综合经营活动。在我国国家职业标准中对“电子商务师”职业的定义为利用互联网及现代信息技术从事商务活动的人员。

电子商务模式按交易对象分类可分成 B2B、B2C、C2C 三种类型。

（1）企业间的电子商务（Business to Business，B2B），即企业与企业之间，通过网络进行产品或服务的经营活动。B2B 模式又可以分为两种：一种是企业之间通过网络进行产品销售和购买，另一种是企业之间通过网络提供服务和得到服务，如阿里巴巴，慧聪网等。

（2）企业与消费者之间的电子商务（Business to Customer，B2C），即企业通过网络为消费者提供一个产品或者服务的经营活动。B2C 模式也可以分为两种：一种是企业与个人消费者通过网络进行产品销售和购买，另一种是企业与个人消费者通过网络提供服务和得到服务，如淘宝网、京东商城、唯品会等。

（3）消费者之间的电子商务（Customer to Customer，C2C），即消费者与消费者之间通过网络进行产品或服务的经营活动。C2C 电子商务中的参与者主要有消费者和为消费者提供网络服务的平台提供商，如淘宝网、京东、拍拍网等。

2. 网上商城

网上商城以电子商务平台为依托，将现实世界中大型商城的功能完全搬到了网上。健全的网上商城经营品类繁多、销售中间环节少、价格低廉、售后服务到位，和实体商城相比最大的好处是消费者可以足不出户。消费者在家里即可查到大量的商品信息，在最短的时间内找到质量、性能、价格最合适的商品，从而大大降低了消费成本。

网店是一种能够让人们在浏览商品的同时进行商品购买，并且通过各种在线支付手段支付货款完成交易全过程的网络商店。大多数网店都使用阿里巴巴、淘宝网、京东商城、当当网等大型网络贸易平台完成交易。

3. 物流

物流是指为了满足客户的需求，以最低的成本，通过运输、存储、配送等方式，实现原材料、半成品、成品或相关信息进行由商品的产地到商品接收地的计划、实施和管理的全过程。物流是一个控制原材料、制成品、产成品和信息的系统，从供应开始经各种中间环节的转运而到达最终消费者手中的实物运动，以此实现组织的明确目标。物流是集信息化、现代化、社会化为一体的产物，是满足各类用户对商品需求的重要环节。

物流主要包括运输、仓储、包装、搬运装卸、流通加工、配送及相关的物流信息等流程。

任务拓展：京东商城购物

自 2004 年年初正式涉足电子商务领域以来，京东商城作为中国 B2C 市场最大的 3C 网购专业平台，是中国电子商务领域最受消费者欢迎和最具影响力的电子商务网站之一。3C 是计算机（Computer）、通信（Communication）和消费电子产品（Consumer Electronic）三类商品的简称。在京东商城购物前，可使用微信或支付宝扫描二维码快速登录京东账号，具体购物过程如下。

（1）登录京东商城，在如图 5-1-11 所示的“搜索”文本框中输入要搜索的商品名称，如“手机”，然后单击“搜索”按钮。

图 5-1-11　输入要搜索的商品名称

（2）选择搜索范围，进一步搜索，结果如图 5-1-12 所示。

图 5-1-12　搜索商品

（3）单击列表项中的商品，查看商品详细信息，如图 5-1-13 所示。

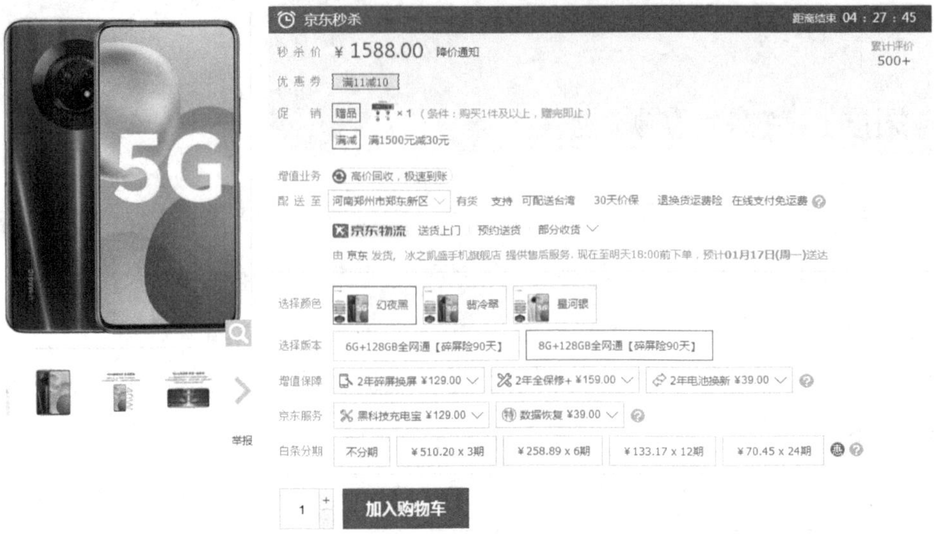

图 5-1-13　商品详细信息

（4）如果想购买该网页中的商品，可以在该网页中找到“联系客服”链接，单击该链接，将自动打开与卖家的“聊天”对话框，在“聊天”对话框中可以与卖家进行沟通，确认商品是否有货、质量、价格、邮费和优惠活动等信息，最后再决定是否购买。

（5）确定要购买该商品，单击“立即购买”按钮，确认所需数量、邮寄方式、收货地址、收件人和联系电话等信息无误后，单击“付款”按钮，如图 5-1-14 所示。

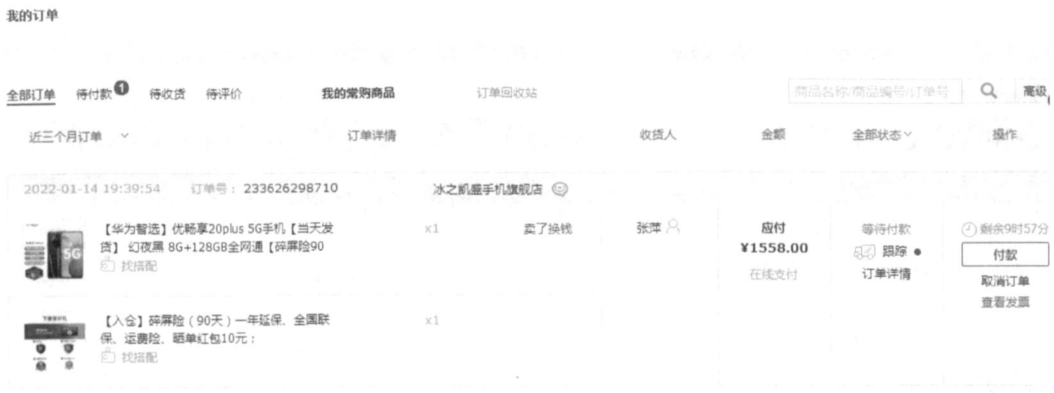

图 5-1-14　核对信息并付款

（6）若订单中的实付金额与卖家承诺的不一致，在提交订单后，先不要支付货款，应先联系卖家，等待卖家修改后，再进行支付操作。

常见问题及解决策略

1. 同一种商品在多个网店中都有的情况下，应关注的内容

在网购商品时，除了关注商品的价格因素，还应该关注网店的服务质量，如卖家信用评价、卖家历史信用构成、店铺半年内动态评分、店铺 30 天内服务情况、卖家为网上消费者提供的保障服务等情况。

2．决定购买某种商品前，应和店主沟通的问题

在决定购买物品前，最好与卖家联系，确认该商品的供货情况。例如，确认商品是全新的、带有哪些附件、包邮的价格等，谈话内容可以截图作为以后发生争执的证据。交谈中也可以向卖家讨价还价，当最终谈好的价格与网上公布的价格不一样时，应通知卖家修改交易信息，确认修改以后，再支付货款。

3．所购物品与网店描述不符

若买家收到的商品与卖家发布该商品信息的描述不一致，或是与之前买卖双方的约定存在不符的情况，包含商品本身及其瑕疵、颜色、数量、邮费、发票、发货情况、交易附带物件等与相关信息不符的情况。

若交易还在进行中，请及时联系卖家协商换货或退货。若无法协商一致，务必及时申请退款，在规定时间发起维权申请“要求客服介入”，并上传有效凭证（如实物对比图片、质量检测凭证等），待淘宝客服进行核实。

若交易已经成功结束，请积极联系卖家协商换货或退货，保存协商好的阿里旺旺聊天记录和退货凭证，如果在交易成功后的 15 天内未得到解决（如退款还未收到），请及时进入“我的淘宝”，在“已买到的宝贝”页面中找到对应的交易，单击“投诉维权”按钮，并上传相关凭证（如实物对比图片、质量检测凭证等），等待客服介入核实处理。

任务 5.2　网上支付

在网上购物时，我们应如何向商家支付货款呢？除了用“货到付款”方式，我们还可以通过网上银行或第三方支付平台（如支付宝等）给商家付款。

案例 10：使用支付宝付款

支付宝是国内用户量庞大，涉及领域多的第三方支付平台。支付宝主要提供支付及理财服务，涉及网购担保交易、网络支付、转账、信用卡还款、手机充值、水电煤缴费、个人理财等多个领域。在进入移动支付领域后，为零售百货、电影院线、连锁商超和出租车等多个行业提供服务。

小李为了保障在网购交易中的支付安全，办理了支付宝，支付宝既可以支付各种网购货款，也可以起到理财的作用。

任务活动

1．教师讲解、演示使用支付宝进行网上支付的操作过程

（1）讲解账户注册认证、充值、网上支付等内容。

（2）解决网上支付过程中可能遇到的问题。

2．学生使用支付宝进行网上支付

（1）网上支付。

（2）处理在操作过程中遇到的问题并总结解决办法。

3．师生讨论在网上支付过程中遇到的问题和解决方法

（1）如何保障网上支付的安全？

（2）如何防止网络诈骗？

任务操作

1．注册支付账号

（1）打开浏览器，在地址栏输入“支付宝”网址，按【Enter】键，打开“支付宝”官网主页，如图 5-2-1 所示。

图 5-2-1　“支付宝”官网主页

（2）单击“注册”链接或“免费注册”链接，显示使用手机号注册的页面，如图 5-2-2 所示。

图 5-2-2　使用手机号注册页面

（3）若想使用电子邮箱注册，可以单击“使用邮箱注册”链接，如图 5-2-3 所示。

（4）输入手机号（或电子邮箱）及验证码，单击“下一步”按钮，按提示设置身份信息，设置支付方式，完成账号注册。

图 5-2-3　使用邮箱注册页面

提示

用手机号注册账号，用户账号为手机号；用电子邮箱注册账号，用户账号为电子邮箱地址；淘宝用户可直接用淘宝账号登录支付宝。

2. 给支付宝充值

（1）在“支付宝”官网主页直接用手机支付宝 App 扫描二维码登录，打开“我的支付宝”页面，如图 5-2-4 所示。

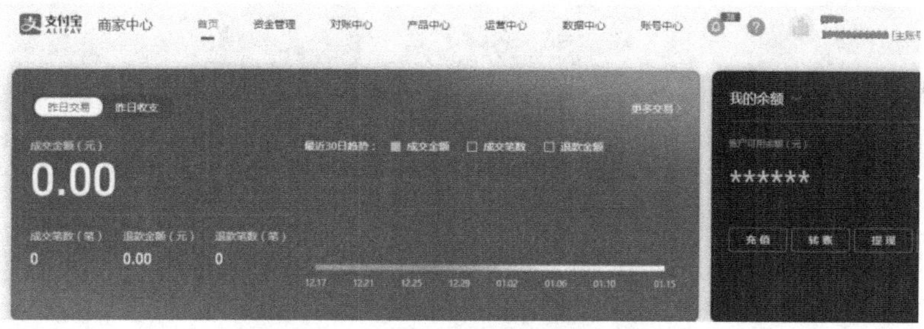

图 5-2-4　“我的支付宝”页面

（2）单击“我的余额”中的“充值”按钮，输入金额，打开“充值”页面，如图 5-2-5 所示。

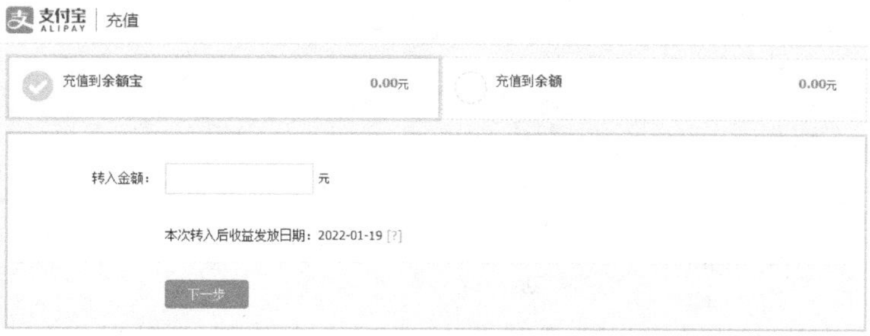

图 5-2-5　“支付宝充值”页面

（3）选择充值银行，单击“下一步”按钮，打开“我的收银台”页面，如图 5-2-6 所示。

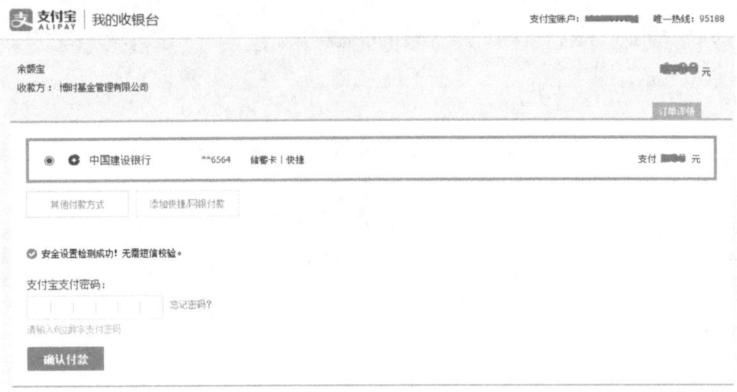

图 5-2-6 “我的收银台”页面

（4）可选择其他付款方式或添加网银付款，输入支付宝支付密码，完成支付宝充值。

3. 用支付宝支付

（1）在淘宝网上进行购物，提交订单后，会自动跳转到“支付宝支付”页面，如图 5-2-7 所示。

图 5-2-7 “支付宝支付”页面

（2）可用手机支付宝 App 直接扫描二维码进行支付。支付宝交易流程，如图 5-2-8 所示。

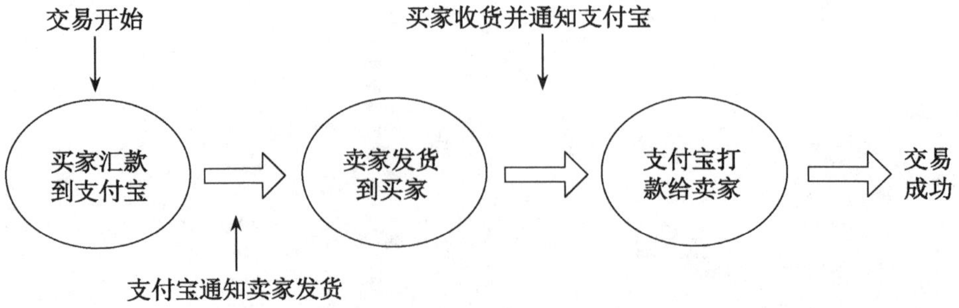

图 5-2-8 支付宝交易流程

提示

多数网上商城都支持支付宝网上支付。

知识链接

1. 网上支付

网上支付是电子支付的一种形式，是通过第三方提供的与银行之间的支付接口进行的即时支付方式。这种方式的好处在于可以直接把资金从用户的银行卡转账到卖家账户中，汇款马上到账，不需要人工确认。客户和商家之间可采用信用卡、电子钱包、电子支票和电子现金等多种电子支付方式进行网上支付，采用在网上电子支付的方式节省了交易的成本。

（1）网银支付。

网银支付是直接通过登录网上银行进行支付的一种方式，只有开通网上银行后才能进行网银支付，可实现银联在线支付，信用卡网上支付等，这种支付方式是直接从银行卡支付。

（2）第三方支付。

第三方支付是指平台提供商在卖家和银行之间通过计算机技术建立连接，从而实现买家到卖家的货币支付流程服务。在该交易中，买方选购商品后，使用第三方平台提供的账户进行货款支付，由第三方通知卖家货款到达、进行发货；买方检验物品后，就可以通知付款给卖家，第三方再将款项转至卖家账户。

2. 网上银行

网上银行又称网络银行、在线银行或电子银行，是指银行利用互联网技术，向客户提供开户、查询、对账、行内转账、跨行转账、信贷、网上证券和投资理财等传统服务项目，使客户可以足不出户就能够安全便捷地管理活期和定期存款、支票、信用卡及个人投资等。可以说，网上银行是银行在互联网上的虚拟柜台。

网上银行发展的模式有两种。一种是完全依赖于互联网的无形的电子银行，即“虚拟银行”。所谓虚拟银行，就是指没有实际的物理柜台作为支持的网上银行，这种网上银行一般只有一个办公地址，没有分支机构，也没有营业网点，采用国际互联网等高科技服务手段与客户建立密切的联系，提供全方位的金融服务。另一种是在现有的传统银行的基础上，利用互联网开展传统的银行业务交易服务。即传统银行利用互联网作为新的服务手段为客户提供在线服务，实际上是传统银行服务在互联网上的延伸，这是网上银行存在的主要形式，也是绝大多数商业银行采取的网上银行发展模式，如中国银行。

网上银行的业务品种主要包括基本业务、网上投资、网上购物、个人理财、企业银行及其他金融服务等。

3. 分期支付

分期支付多用在生产周期长、成本费用高的商品交易上。分期支付的做法是在签订合同后，购货者先交付一小部分货款作为订（定）金给售货人，其余大部分货款在产品部分或全部生产完毕后，或在货到安装、调试、使用以及质量保证期满时分期偿付。

目前第三方支付平台分期付款的手续费费率一般为刷卡消费金额的2.5%～7%，买家在订单确认页面选择使用信用卡分期付款，页面会出现信用卡分期付款支持的银行及分期付款手续费的原费率及优惠费率。

网上分期支付是指在网上商城购物时，选择分期支付，提交订单后，可以通过网上银行完成首付部分金额的支付，然后按照指定的期数对信用卡账户进行分期扣款。

例如，京东商城购物分期付款的操作流程。

（1）打开京东商城首页。

（2）扫码或使用账户登录京东商城。

（3）选择商品，加入购物车。

（4）单击“去结算”按钮。

（5）选择结算方式为“白条支付”或“信用卡分期”。

（6）提交订单。

任务拓展：开通网络银行

在网上购物时，离不开网银支付。建议用户到银行办理开通网银服务，使银行卡成为可以网上在线支付的工具。使用网络银行的方法如下。

（1）打开浏览器，在地址栏输入网上银行网址，如中国建设银行网址，按【Enter】键，打开“中国建设银行”官网首页，如图5-2-9所示。

图5-2-9 “中国建设银行”官网首页

（2）单击“个人网上银行登录”按钮，打开“个人网上银行登录”页面，如图 5-2-10 所示。

图 5-2-10　“个人网上银行登录”页面

（3）输入证件号（开通网银时登记的证件号，如身份证号）和密码，单击“登录”按钮，输入手机验证码，进入“个人网上银行”页面，如图 5-2-11 所示。

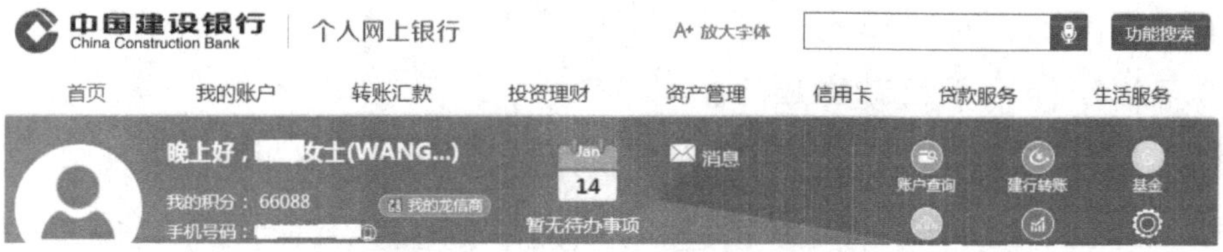

图 5-2-11　“个人网上银行”页面

（4）单击“我的网银”链接，进入个人网上银行“我的账户”页面，可查看银行余额及近期交易记录，如图 5-2-12 所示。

（5）单击“转账汇款”选项卡，再选择“活期转账汇款”选项，可向建行其他账户转账汇款；单击“跨行转账”选项，可以进行“建行转他行”“他行转建行”等交易。

图 5-2-12　“我的账户”页面

（6）在首页中单击“手机充值”或“缴费”选项卡，可给电话、水、电、燃气账户充值缴费。

常见问题及解决策略

1．如何保障网上支付的安全

（1）设置单独的、高安全级别的密码。

如果邮箱、微博等登录名和支付宝账户名一致，那就要务必保证密码不同。支付宝的密码最好使用“数字+字母+符号”的组合，尽量避免使用生日、身份证号码、手机号码等易于破解的数字作为密码。支付宝的登录密码和支付密码务必不能相同，否则就起不到双保险效果。

（2）使用数字证书、支付盾等安全产品。

数字证书、支付盾等安全产品能够帮助提升账户的安全等级。盗用者在没有证书、支付盾的情况下无法操作资金。

建议用户务必安装支付宝的数字证书。支付盾等安全产品用户可以选择安装，卖家或日常消费频率很高的用户都可以考虑选择安装。

（3）绑定手机，使用手机动态口令。

支付宝等网络支付账户都支持绑定手机，并支持设定手机动态口令。用户可以设定当单笔支付额度或者每日支付累计额度超过一定金额时就需要进行手机动态口令校验，从而增强资金的安全性。

（4）使用支付宝快捷支付享受全额赔付。

快捷支付的付款操作统一在支付宝平台完成，有效封杀了“钓鱼者”利用页面跳转进行钓鱼欺诈的空间。此外，快捷支付既需要用户的信用卡信息匹配，又要求支付宝密码和手机校验码双密码认证，本身有多重的安全保障。支付宝更是针对快捷支付提出了 72 小时无理由赔付制度。用户只要是通过快捷支付进行的付款操作，遭遇欺诈等情况受到资金损失时，支付宝都会全额赔付。另外，用户应在账户内少留或不留余额，尽量通过支付宝快捷支付方式付款，这是保障网上支付安全的最简单窍门之一。

2．如何防止网络资金诈骗

网络资金诈骗通常指通过网络非法获取用户账号、密码、银行卡号、身份证号等信息，或者在用户不知情的情况下向指定账户汇款。

“网络钓鱼”是当前最为常见也较为隐蔽的网络诈骗形式。所谓“网络钓鱼”，是指犯罪分子通过使用“盗号木马”“网络监听”及伪造的假网站或网页等手法，盗取用户的银行账号、证券账号、密码信息和其他个人资料，然后以转账盗款、网上购物或制作假卡等方式获取利益。其主要可细分为以下两种方式。

一种是发送电子邮件，以虚假信息引诱用户中圈套。诈骗分子以垃圾邮件的形式大量发送欺诈性邮件，这些邮件多以中奖、顾问、对账等内容引诱用户在邮件中填入金融账号和密码，或是以各种紧迫的理由要求收件人登录某网页提交用户名、密码、身份证号、信用卡号等信息，继而盗窃用户资金。

另一种是建立虚拟网上银行或者虚假网上交易平台，骗取用户身份信息、账号密码，从而盗取银行存款。犯罪分子建立起域名和网页内容都与真正的网上银行系统、网上证券交易平台极为相似的网站，引诱用户输入账号密码等信息，进而通过真正的网上银行、网上证券系统或者伪造银行储蓄卡、证券交易卡盗窃资金。还有利用合法网站服务器程序上的漏洞，在站点的某些网页中插入恶意代码，屏蔽一些可以用来辨别网站真假的重要信息，以窃取用户信息。

为了确保用户网络交易的财产安全，在网上不要随意填写个人资料，开通网上业务应前往正规银行，登录官方网页办理业务，避免上当受骗。

项目小结

本项目以借助网络进行交易为主要目的，以网上购物和网上支付两个具体任务为过程，希望通过实际训练达到项目设定的基本目标。

网上购物是现代生活中一种重要的购物方式，掌握网上购物的基本技能也是信息化社会对每个人提出的基本要求。利用网上购物，可以节约大量的购物时间和成本，使购物变得轻松和快乐，从而提高我们的生活质量。

网上支付是网上购物中的一个重要环节，网上支付高效、快捷，为网购提供了高效的支付技术支撑。网上银行除了完成查询、转账、购物、缴费等业务，也能进行网上投资、网上理财等业务。

项目考核

学习任务完成后，可以进行自评、互评和教师点评，形成个人和学习小组任务完成情况总体评价。合作学习评价的内容和要求参见项目一，知识、技能评价的内容和要求如下。

（1）对网上购物的了解。

能够清楚描述网上购物的流程，理解网上购物给人们生活方式带来的变革。

（2）网上购物的熟练程度。

能够在网上商城中选择自己喜爱的商品，顺利完成网上购物流程。

（3）对网上支付的了解。

了解网上支付的作用，掌握安全使用网络支付进行交易的方法。

（4）使用网上支付的熟练程度。

学会使用支付宝、网银进行网上支付，能够安全地进行网上交易。

项目习题

1．单项选择题

（1）商品的三要素，包括商品名称、商品图片和（　　）。

A．商品价格　　B．商品描述　　C．商品属性　　D．商品颜色

（2）以支付宝为例，第三方支付流程为（　　）。

A．选择商品→付款到银行→银行转账给支付宝→交易完成

B．选择商品→付款到支付宝→买家收货确认→支付宝付款给银行→交易完成

C．选择商品→付款到支付宝→支付宝付款给卖家→交易完成

D．选择商品→付款到支付宝→买家收货确认→支付宝付款给卖家→交易完成

（3）与传统银行业务相比，网上银行业务不具有的优势（　　）。

A．大大降低银行经营成本，有效提高银行盈利能力

B．无时空限制，有利于扩大客户群体

C．有利于服务创新，向客户提供多种类、个性化服务

D．更高的安全性

（4）出于安全考虑，网上支付密码最好是（　　）。

A．由字母和数字混合组成　　B．用银行提供的原始密码

C．用常用的英文单词　　D．由生日的数字组成

2．多项选择题

（1）如果在网上购物，（　　）会影响购物决定。

A．价格是否便宜　　B．是否为名牌

C．是否有质量保证　　D．售后服务是否有保证

（2）实现在线交易，为了保障买卖双方信任，实现安全交易，必须解决（　　）。

A．商品的按约交接问题　　B．买卖双方的资信担保问题

C．在线支付的安全保障问题　　D．信息传输的安全保密问题

（3）网上商店采用的送货方式主要有（　　）。

A．邮寄　　B．快递　　C．送货上门　　D．门店取货

（4）关于退货程序描述错误的是（　　）。

A．买家如需退货，必须在收到货后在支付宝规定的时间内提出退货申请

B．逾期申请退货且卖家拒绝接受退货，则支付宝会将争议货款支付给买家

C．整个退货流程与正常的交易流程相反

D．为确保安全，买家可以要求卖家先退款再退货

3．判断题

（1）在确定网上购买物品之前，消费者可在购物车中查看、修改选购的商品。（　　）

（2）淘宝网目前的业务涵盖 C2C、B2C 两大部分。（　　）

（3）在买家签收之前，货物丢失或者损毁的风险，由卖家承担。（　　）

（4）网上银行，又称网络银行、电子银行、虚拟银行，实际上是银行业务在网络上的延伸。（　　）

（5）李先生的生日是 1965 年 10 月 13 日，他把自己银行账号的密码设为 651013，他设置的密码是安全的。（　　）

4．简答题

（1）什么是网上商城？

（2）简述网上购物的流程。

（3）什么是网上银行？

（4）支付宝支付给我们带来了哪些便利？

（5）怎样防止网络资金诈骗？

5．实训题

（1）在淘宝网（或京东商城）中购买所需物品。

（2）通过网上银行为手机充值话费。

项目 6

网上预订

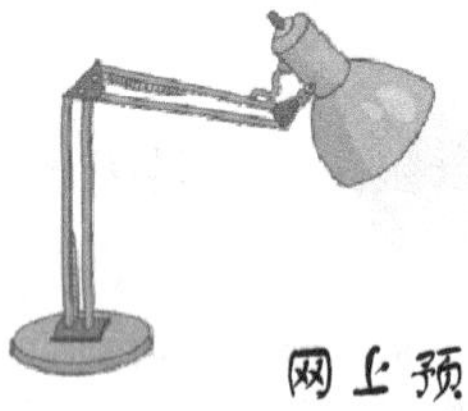

网上预订是指网络用户通过互联网，预订餐饮、酒店、车票、机票和景点门票等的网络消费形式。网上预订独有的便捷性和直观性，更能够被现代人认同和接受。因此，通过网络预订购买各种产品已成为人们生活中重要的一种消费方式。

项目目标

（1）了解网上预订的内容，学会参加网络团购活动，提高利用网络降低生活成本的能力。
（2）学会在网上预订火车票、住宿等，强化利用网络解决生活难题的意识。
（3）了解中国传统饮食文化，增强民族自豪感。

任务 6.1　团购美食

团购是指一个团队向商家集体采购，而网络团购则是互不认识的消费者，借助互联网平台聚集人数和资金，将欲购买的商品与商家进行谈判，以求得最优价格的商务模式，国际上将这种新的网络消费方式通称为 B2T（Business To Team）电子商务模式。

案例 11：参加美团团购

美团网是我国的一家团购网站。美团作为中国领先的生活服务电子商务平台，旨在把本地生活服务商家与消费者连接起来，帮助商家出售剩余服务能力，帮助消费者经济理性地选择消费，打造中国最大的吃喝玩乐生活服务在线商城。

美团聚集了全国众多优质的生活服务商家入驻开设线上专卖店，有超便宜的团购，各种代金券、会员卡、优惠券、折扣服务，还有限时促销等各种优惠活动，内容涵盖了美食、电影、婚庆、旅行、酒店、美容保健、休闲娱乐等多类别，基本覆盖了人们的日常生活所需，使用户得以用最少花费享受最时尚的高品质生活。

小李是美团的常客，他经常登录美团预订美食、团购影票，网上预订给他带来了巨大的实惠。

任务活动

1. 教师讲解、演示网上团购的操作过程

（1）讲解网购和团购知识点。

（2）讲解团购的流程和操作方法。

2. 学生选择自己感兴趣的网站和商品参加网购活动

（1）选择团购网站，参加团购活动。

（2）处理团购要注意的问题并总结解决办法。

3. 师生讨论在网购和团购过程中可能遇到的问题和解决方法

（1）如何在网购中得到更多的实惠？

（2）如何保证网购的安全性？

任务操作

（1）打开浏览器，在地址栏中输入美团网址，按【Enter】键，打开“美团”网页，如图 6-1-1 所示。

图 6-1-1 “美团”主页

（2）单击“全部分类”选区中“美食”链接，打开“美团”登录页面，选择账号登录或手机动态码登录，如图 6-1-2 所示。

图 6-1-2　“美团”登录页面

（3）在“分类”选区中选择购买商品的类别，在“区域”选区中选择购买商品的位置，选择商品排序的方法，显示“美团”能够提供的相关商品，如图 6-1-3 所示。

图 6-1-3　选择商品

（4）找到有意向购买的商品后，单击商品链接，查看商品的详细信息，如图 6-1-4 所示。

（5）选中满意的商品后，单击“立即抢购”按钮，如图 6-1-5 所示。

（6）在“提交订单”页面中确认商品数量、价格，并单击“提交订单”按钮，如图 6-1-6 所示。

图 6-1-4　查看商品详细信息

图 6-1-5　单击“立即抢购”按钮

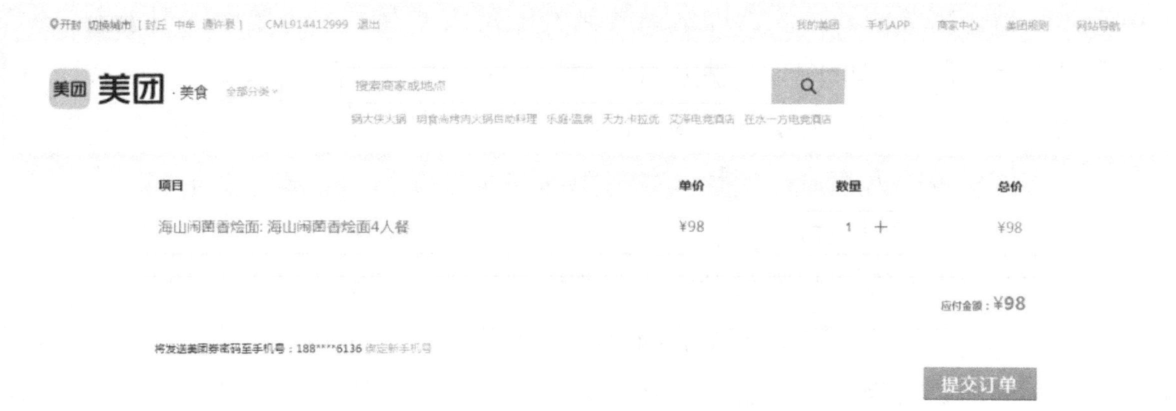

图 6-1-6　“提交订单”页面

（7）按照提示，可选择微信、支付宝或个人网银完成订单支付。

知识链接

1．团购形式

现有的团购形式大致有3种，包括购买者自发组织、团购公司组织和产品供货商组织。

第一种是由商品购买者自发组织的团购，是购买者本身为了能够以较低的价格购买到产品而组织的一种团购行为。购买者自己在网上组织人员，形成团购力进行购买，为的是自己能买到便宜的商品，参加者和组织者都是受益者，但购买过程较为辛苦。

第二种是由团购公司组织的团购，是指具有团购性质的公司发起的团购行为，它们以供应商有少许利润，组织者有微薄利润，而参与者能够在保证正品的情况下拿到比市场价低的产品为目的。

第三种是由商家组织的团购，在网上宣传商品、组织并引导网民购买的一种促销活动。

团购是在保证各方利益的前提下存在的交易，参与的各方必然存在利益关系，如果厂商、组织者和参与者任何一方的利益不能得到保证，团购也就不可能长久存在。团购交易也有交易的规则，即公正、公平、透明和合理，团购公司在实际操作中也要和厂商签订合同，制约各种服务，保证三方利益。团购能使厂商获得大量订单，在比较低的生产成本下扩大市场影响力，达到盈利的目的。团购的参与者得到最直接的购货渠道，既避免了买到假货或差货，又能享受到比市场零售价低得多的价格。团购的组织者也将获取自己的佣金。

2．组织团购的基本流程

团购根据参团者的角色不同，分为开团者和跟团者两种。开团者称为团长，是组织团购的一方；跟团者称为团员，是参加团购的一方。除团长和团员外，还有提供商品的一方，称为商家。

组织团购首先需要团长开团，即团长找到开团购买的商品，确定团购要求人数、商品品牌、型号及商品团购的价格等，然后召集团员。团长可以在网上发布信息寻找团员，也可以找周围的亲戚朋友等，为了确认团员的购买意向，有些团长会向团员收取订金。当参与人数达到团购要求的人数后，团长就会组织向商家进行统一购买。如果参团人数未达到团购要求，则开团失败。

对团员来说，不需要和商家接触，不需要讨价还价。团员看到团长的帖子，或者被周围开团的亲戚朋友说动，觉得对开团的商品感兴趣即可参与团购。当参与人数达到团购要求的人数后，向团长付款，领商品、索要相关票据和质保书等。如果参与者未达到团购要求，则跟团失败。

专业团购组织的团购流程为：①注册成为团购组织的会员；②向团购组织提交购买消费意向或者直接报名参加已有的团购活动；③收到团购组织者的活动邀请；④在约定时间

前往活动地点（品牌经销点、卖场或者大型的展卖场）参加团购活动；⑤挑好自己要购买的产品后下订单；⑥验货付款提货。

任务拓展：网上叫外卖

一般意义上的外卖就是快餐的外送服务，广义的外卖可以泛指一切通过网络选购、商家提供上门的服务。

百度外卖是由百度打造的专业外卖服务平台，提供网络外卖订餐服务。订餐可以通过PC端网站、手机App、微信公众号“百度外卖”及百度地图“附近”功能进行操作。消费者可以基于地理位置搜索到附近的各种外卖信息，选择配送时间、支付方式，并添加备注和发票信息，随时下单，快速配送到手，完成足不出户的完美体验。

“饿了么”是主营在线外卖、新零售、即时配送的生活服务平台。使用“饿了么”的方法和步骤如下。

（1）在智能手机中下载并安装“饿了么”客户端，“饿了么”图标如图 6-1-7 所示。

（2）点击“饿了么”图标打开首页，显示“饿了么”提供的外卖项目，如图 6-1-8 所示。

（3）点击“美食”按钮，显示供餐商家和相关美食，如图 6-1-9 所示。

图 6-1-7 “饿了么”图标

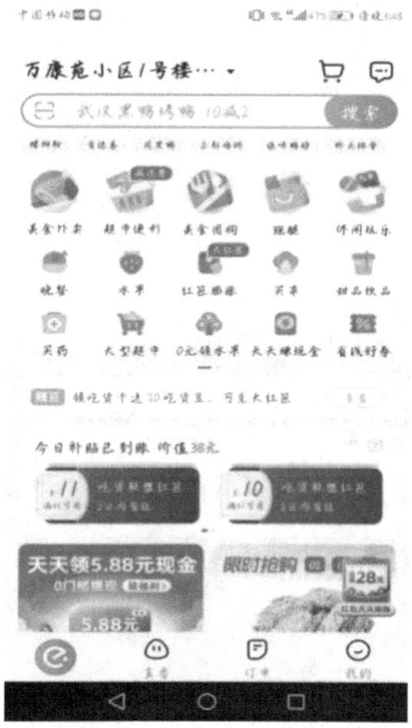

图 6-1-8 “饿了么”首页

图 6-1-9 选择“美食”

（4）点击感兴趣的商家，查看外卖详情，如图 6-1-10 所示。

（5）点击所要购买的餐饮，加入购物车，如图 6-1-11 所示。

（6）点击“去结算”按钮，输入接收外卖的地址，如图 6-1-12 所示。

（7）点击“提交订单”→“确认支付”→“确认付款”按钮，完成外卖点餐。

图 6-1-10　查看外卖详情

图 6-1-11　加入购物车

图 6-1-12　输入收货地址

提示

选择有红包反馈等活动的商家，可以得到最多的优惠；若等待时间过长，可以催单或取消订单。

常见问题及解决策略

1．团购限制性条件

团购是三方得利的网上销售活动，商家在需要一定空间拓展时，才会将销售触角延伸至网络。因此，有许多团购项目设定有一定前提条件，如节假日不能使用、多张消费券不能一次使用、不能使用包间等。为避免团购限制性条件带来的不便，团购者需要看清团购的附加条件，在认为合适时再下订单购买。

2．自己组织团购存在的问题

自己组织团购的目的是为了获得最大化的利益，能否达到利益最大化要受多方面限制，因此，在决定组织团购时需要先解决好以下问题。

（1）对购买商品的熟悉程度。组团者对购买商品了解不多，会在供货商、型号和价格选择时面临难题，甚至购买到性价比较低的商品。

（2）交易的可靠性保障。自己组织团购，组织者代表了大家的利益，既要保障参加团购者交易资金的安全、商品维护保养可靠，也要兼顾与商家合同履行的义务，避免商家遭受损失。

任务 6.2 网络购票

网络购票是指登录售票网站，在网上查询余票、预订、付款等一系列活动。网络上可以购买到的票据种类很多，有出行必备的火车票、飞机票、轮船票，也有参加大型活动、参观景点的门票，利用网络购票不仅省时省力，更能得到实惠。

案例 12：在 12306 网站购买火车票

12306 网站是中国铁路客户服务中心网站，是铁路服务客户的重要窗口。它集成了全国铁路客货运输信息，为社会和铁路客户提供客货运输业务和公共信息查询服务。客户登录网站，可以查询旅客列车时刻表、票价、列车正晚点、车票余票、售票代售点、货物运价、车辆技术参数及有关客货运输规章等信息，也可以办理购票、货运等业务。

身在异乡的小张每年都要在节假日返乡看望父母，但购买到时间合适的火车票是个难题，自从网上开通了 12306 车票预售系统，购买返乡车票就不再是小张为之发愁的难事了。小张实名注册了 12306 账户，且对网络购票流程十分熟悉，所以每次都能购买到满意的车票。

任务活动

1．教师讲解、演示网上购买火车票的操作过程

（1）讲解网络购票流程。

（2）讲解网上购票的操作方法。

2．学生登录网络熟悉网上购票的基本流程

（1）熟悉网上购票基本操作。

（2）思考在操作过程中可能出现哪些问题，如何解决？

3．师生讨论网络购票过程中遇到的问题和解决方法

（1）如何提高网络购票速度？

（2）网速慢对购票有何影响？

任务操作

（1）打开浏览器，在地址栏中输入中国铁路网址，打开“中国铁路 12306”网站主页，如图 6-2-1 所示。

图 6-2-1　“中国铁路 12306”网站主页

（2）单击“网上购票用户注册”链接，打开用户注册的“账户信息”页面，如图 6-2-2 所示。

图 6-2-2　“账户信息”页面

（3）填写“用户名”“密码”等信息后，勾选“我已阅读并同意遵守《中国铁路客户服务中心网站服务条款》《隐私权政策》”复选框，单击“下一步”按钮，打开“填写详细信息”界面，如图 6-2-3 所示。

提示

在铁路售票系统注册用户需要二代身份证和实名制，虚假信息不能通过验证。

图 6-2-3 “填写详细信息”界面

（4）根据向导提示完成注册并激活用户后，即可登录网站购票。在 12306 网站主页单击“登录”链接，打开用户“登录”页面，如图 6-2-4 所示。

图 6-2-4 “登录”页面

（5）单击“车票”选项，打开“车票购买”页面，根据个人需要选择“单程”“往返”或“中转换乘”等车票类型，如图 6-2-5 所示。

图 6-2-5 “车票购买”页面

（6）单击“单程”按钮，打开“车票查询”页面，如图 6-2-6 所示。

图 6-2-6　“车票查询”页面

（7）选择“出发地”“目的地”“出发日”和车票类别，单击“查询”按钮，打开“车票查询结果”页面，如图 6-2-7 所示。

图 6-2-7　“车票查询结果”页面

（8）选定好车次后，单击“预订”按钮，打开“车票预订”信息页面，如图 6-2-8 所示。

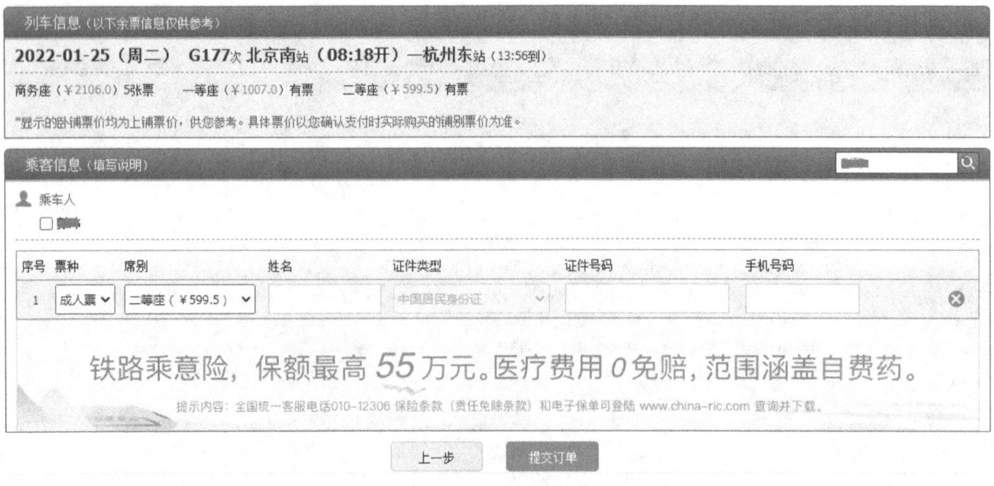

图 6-2-8　“车票预订”信息页面

（9）选择乘车人，提交订单，系统显示详细购票信息，如图 6-2-9 所示。

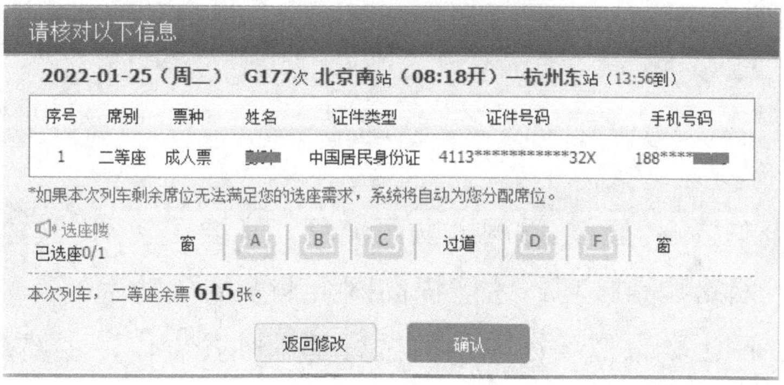

图 6-2-9 显示购票信息

（10）确认信息无误后，单击“确认”按钮，锁定购票信息，如图 6-2-10 所示。

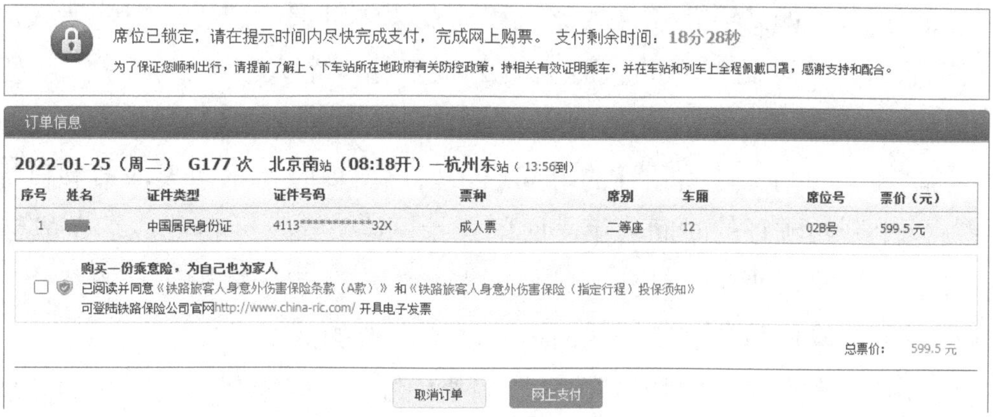

图 6-2-10 锁定购票信息

✓提示

支付应在 30 分钟内完成，否则系统会自动取消预订。

（11）单击“网上支付”按钮，显示各银行支持的网银链接，如图 6-2-11 所示。

图 6-2-11 网银支付链接

（12）选择相应的网银并成功支付后，车票购买结束。

知识链接

1. 网络购票技巧

利用网络购买火车票不但要熟悉网上购票流程，也要了解网上购票的一些技巧，只有掌握和灵活应用以下网络购票技巧，才能提高网上购票的成功率。

（1）提前注册。网上购票需要在购票前做好基础准备工作，主要是注册网络用户。注册用户后，用户名和密码应妥善保管，以便购票时登录。

（2）及时付款。在完成网上预订火车票后应及时付款，否则预订成功的车票也会因为没有付款而撤销。因此，在网银里存有足够购买车票的钱，才能保证最终购票成功。

（3）添加联系人。如果需要经常为家人和朋友集体订票，应提前把购票人的信息添加到自己的常用联系人中，这样在购票时会省去很多输入个人信息的麻烦，以便快速完成购票。

（4）购票时间。在网上开始预订的时间通常要比窗口时间早两天，节假日提前的时间更长，把握好网上开始预订的时间，第一时间登录网络订票，才可能成功完成订票任务。

（5）关闭其他程序。为了让订票网站运行顺畅，应关闭计算机运行的其他软件，避免因为程序运行过多，降低系统速度，从而影响网购车票的效率。

（6）刷票技巧。在节假日等特殊时间进行网上购票，可能会出现网络拥塞现象，挤入购票行列是成功购票的前提。使用相关软件刷票，可以提高抢票成功率，如百度卫士抢票神器。

2. 根证书安装

在 12306 网站上购票时，页面可能会出现“Internet Explore 已阻止此网站显示有安全证书错误的内容”“内容被阻止，因为该内容没有签署有效的安全证书”等提示，这是因为没有导入网站首页的根证书。为了保证用户顺利进入网站，应先将根证书按说明导入。详细安装操作如下。

（1）在“中国铁路客户服务中心”主页，单击“根证书”按钮，将安装文件下载至本地硬盘。

（2）双击证书安装文件，打开“证书”对话框，如图 6-2-12 所示。

（3）单击“安装证书”按钮，打开“证书导入向导”对话框，如图 6-2-13 所示。

（4）单击“下一步”按钮，选中“将所有的证书放入下列存储”单选按钮，单击“浏览”按钮，在打开的对话框中选中“受信任的根证书颁发机构”，返回“证书导入向导”对话框，如图 6-2-14 所示。

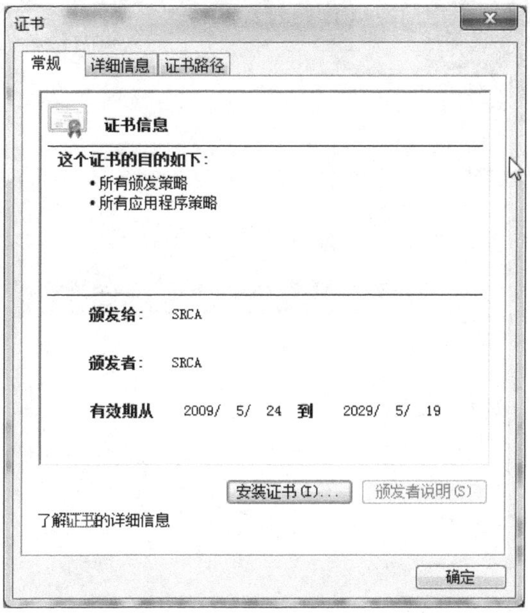

图 6-2-12 “证书”对话框

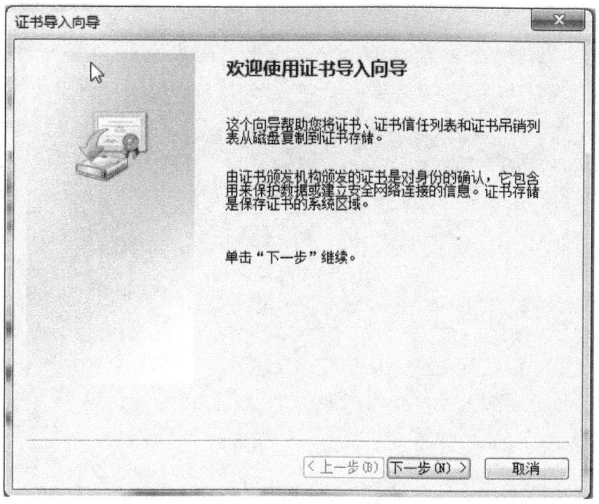

图 6-2-13 “证书导入向导”对话框

（5）单击“下一步”按钮，对话框显示“正在完成证书导入向导”，如图 6-2-15 所示。

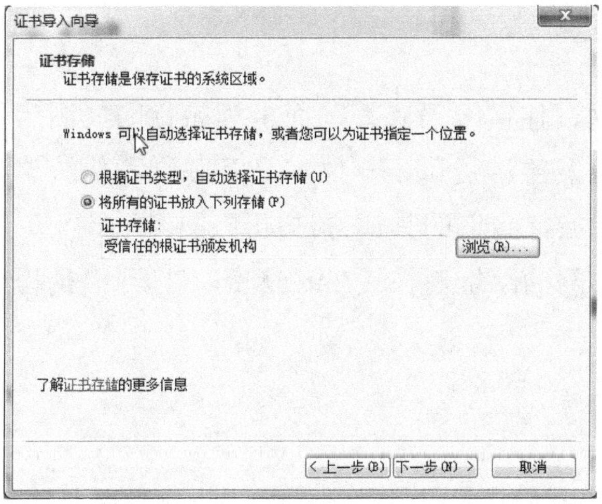

图 6-2-14 选择证书存储位置

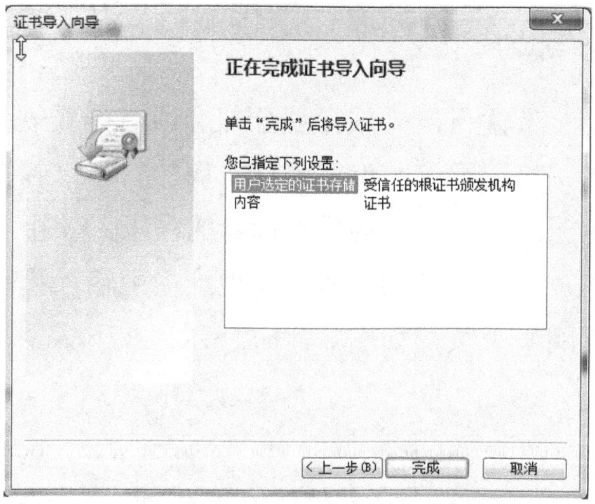

图 6-2-15 完成证书导入向导操作

（6）单击“完成”按钮，即可完成证书导入。随后根据提示逐步操作，直至结束证书安装。

3. 手机 App 购买火车票

由于手机 App 已经完成实名制，所以使用手机 App 购买火车票比登录互联网买票更为便捷。使用手机购买火车票的方法如下。

（1）点击“铁路 12306”手机客户端，显示“车票预订”界面，如图 6-2-16 所示。

（2）选择出行起始和终点站、日期、火车类型，点击“查询”按钮，显示符合要求的车次，如图 6-2-17 所示。

（3）登录系统，选择车次并添加购票者，生成车票订单信息，如图 6-2-18 所示。

图 6-2-16　“车票预订”界面

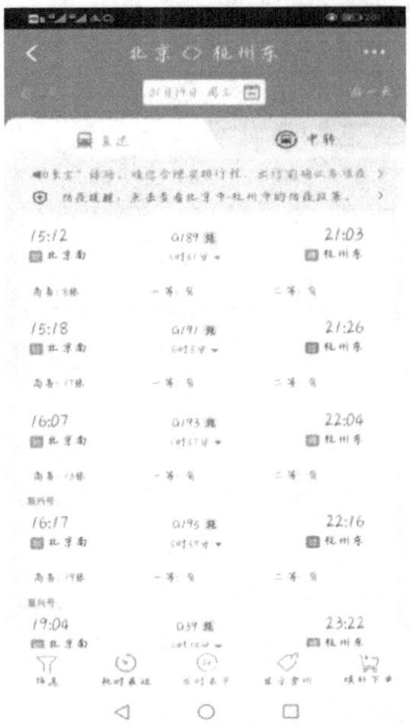

图 6-2-17　显示符合要求的车次

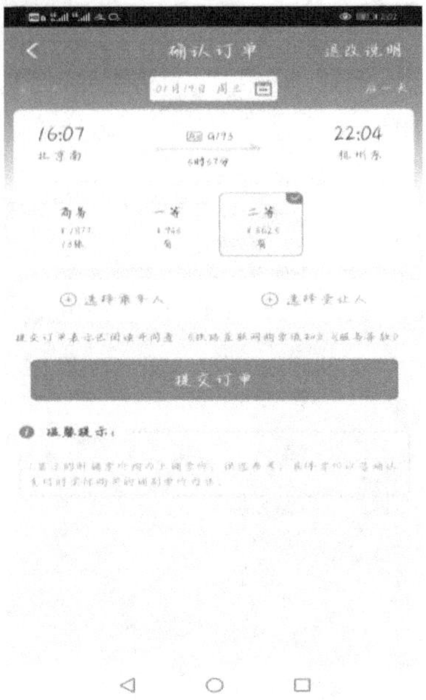

图 6-2-18　显示订单信息

（4）点击“提交订单”→“确认付款”按钮，支付后生成订单信息，完成购票任务。

任务拓展：携程旅行新生活

节假日出外旅行惬意却麻烦，需要规划交通、住宿、门票等，而携程旅行网集酒店预订、机票预订、度假预订、商旅管理、特惠商户及旅游资讯于一体，是互联网和传统旅游的无缝结合，能满足出行者的需求。使用“携程旅行网”的具体方法如下。

（1）打开浏览器，在地址栏中输入携程旅行网的网址，按【Enter】键，打开“携程旅行网”主页，如图 6-2-19 所示。

图 6-2-19　“携程旅行网”主页

（2）单击“旅游”链接，在打开的“旅游”菜单中选择旅游方式，如“自由行”，然后查看相关服务，如图 6-2-20 所示。

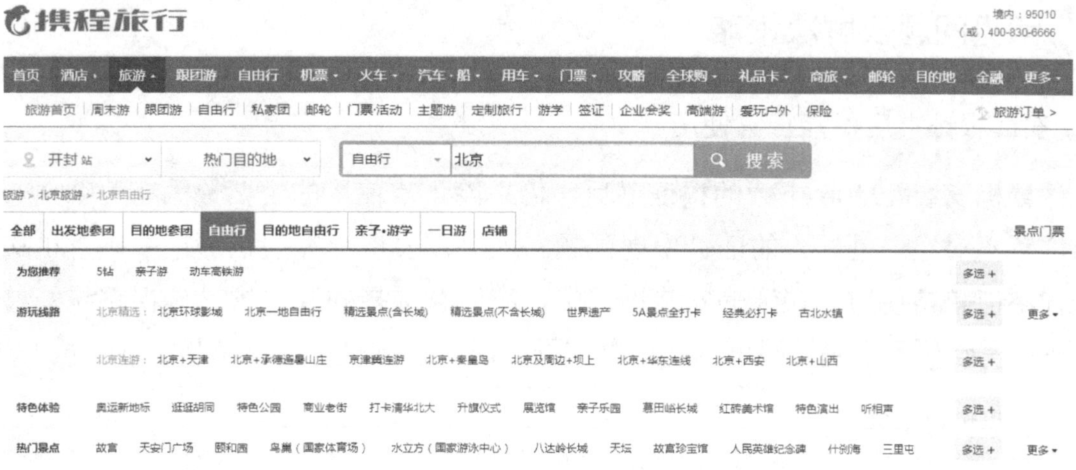

图 6-2-20 “旅游”页面

（3）单击“热门景点”链接，浏览具体的服务内容，如图 6-2-21 所示。

图 6-2-21 浏览具体的服务内容

（4）选择自己满意的项目后，单击“开始预订”按钮，网站将根据你选择的日期给出具体报价，如图 6-2-22 所示。

图 6-2-22 预订服务的内容

（5）单击“立即预订”按钮，即进入网购的交易程序。

常见问题及解决策略

1. 安装根证书后不能正常使用

在计算机安装 12306 下载的根证书后，仍不能正常使用的主要原因有两个：一是证书存储的位置不对，二是导入的证书出现问题。证书需要保存在授信的证书颁发机构的目录下，否则不能正常使用，在证书安装过程中，应注意选择安装位置，确保系统能够正常运行。若证书安装位置正确，则可能是证书在导出时出了问题，可以重新下载并安装根证书。

2. 购买不到车票

车票难买是不争的事实，但总是买不到车票则需要找原因了。主要原因有准备不足、网速太慢、缺少抢票意识等。提前做好准备可以节约购票的操作时间，减少操作期间的无效时间，尽快完成购票操作。网速太慢、提交信息的时间过长，就有可能错过有限票源的购票机会，停止购票以外的其他操作，可以提高抢票的成功率。购买紧张票源的车票，在第一时间下订单至关重要，车票会在极短的时间内销售一空，线上购买不及时肯定买不到所需车票。

项目小结

网上提前预订消费项目既是节省时间、费用的一种选择，更是未来消费的一种发展趋势。本项目以预订美食和预订火车票两个具体内容为对象，详细介绍了网购活动的基本操作，旨在帮助学习者了解网上预订流程，学会网购生活。

网购是三方获利的一种网络消费活动，商家在网络上促销商品也会以保证自己利益为前提，消费者应理性对待商家的经商行为，不要盲目参与网购。在参与网购时一定要看清商家具体的限制性条款，避免由此产生纠纷，造成损失。

互联网上有很多专门的团购网站，货比三家，争取利益最大化是网络消费的核心模式，但有些网站为了吸引顾客会给出许多优惠，如返还积分券等，充分利用各种优惠条件，有时也会有意想不到的收获。

项目考核

学习任务完成后，可以进行自评、互评和教师点评，形成个人和学习小组任务完成情况总体评价。合作学习评价的内容和要求参见项目一，知识、技能评价的内容和要求如下。

（1）对网上预订资源的了解。

了解常用的团购网站，并知道团购的基本操作方法。

（2）对网上预订活动的熟悉程度。

了解网上预订操作流程，能够成功预订网上消费项目。

（3）对网购火车票操作的熟练程度。

了解网上购买火车票的基本操作，学会在网上购买车票。

（4）对自己组织团购活动的认识。

了解自己组织团购的操作流程，认识团购中的风险。

项目习题

1. 单项选择题

（1）美团网站是使用较多的（　　）。

A. 网店　　B. 网购环境　　C. 支付环境　　D. 网购公司

（2）网购的支付安全性（　　）。

A. 有可靠保障　　B. 靠用户自己保障

C. 不好保障　　D. 不太好说

（3）在“中国铁路 12306”网站购买火车票需要在本机安装（　　）。

A. 数字证书　　B. 认证证书　　C. 根证书　　D. 身份证书

（4）以下说法正确的是（　　）。

A. 网购是一种团购形式。

B. 网购只能由商家组织。

C. 网上能买到自己需要的所有商品。

D. 网购将成为重要的购买形式。

2. 多项选择题

（1）利用网络可以预订（　　）。

A. 餐饮　　B. 酒店　　C. 车票　　D. 景点门票

（2）在团购中，参团者根据角色不同，分为（　　）和（　　）。

A. 公司　　B. 团长　　C. 店长　　D. 团员

（3）在携程旅行网可以预订（　　）。

A. 酒店　　B. 机票　　C. 汽车票　　D. 景点门票

（4）团购形式有（　　）、（　　）和（　　）。

A. 购买者自发组织　　B. 团购公司组织

C. 产品供货商组织　　D. 单位组织

3．判断题

（1）网上预订是一种网络消费形式。（　　）

（2）每个网民都可以自己组织团购活动。（　　）

（3）团购活动分开团和跟团两种。（　　）

（4）网上购票需要在购票前做好基础准备工作。（　　）

（5）现有的团购形式大致有 3 种。（　　）

4．简答题

（1）常用的网购网站有哪些？

（2）参加网上预订有哪些好处？

（3）如何才能在网上购买到火车票？

（4）网上预订生效后如何取消预订？

（5）如何保证网上消费的利益最大化？

5．实训题

（1）在网上团购一种自己需要的商品。

（2）在 12306 网站中购买一张火车票。

项目 7

网上开店

电子商务是一种替代传统商务活动的新形式，也被人理解成为新型的网络买卖市场。在网上购物成为时尚的今天，商家也开始将传统商铺开到了网上，社会中的个人也能在网上开个网店销售自己的商品。开网店不需要花费多少资金，但能在传统的经营推广之外，开辟出一条更高效、更广泛的销售渠道。网上营销，超越了时间和空间的限制，因此创造出无限商机。

项目目标

（1）了解网上开店的方法，利用所学方法在淘宝网上开设网店，强化网上谋生能力。
（2）了解网店装修的方法，能够给自己的网店进行店面装修，提高审美情趣。
（3）深刻理解公民基本道德规范的“敬业、诚信”。

任务 7.1　网店开设

网上店铺销售是一种在互联网时代诞生的新的销售方式，与网下的传统商业模式有较大差异。开设个人网店与大规模的网上商城及零星的个人用品网上拍卖相比，投入不大、经营方式灵活，且可以获取不错的利润。因此，开设网店不但成为许多人创业的途径，更是在职人员不错的兼职选择。

案例 13：淘宝网上开店

网店是前期通过网上选择商品，然后通过各种在线支付手段进行支付，进而完成交易全过程的网络商店。网店有方便快捷、交易迅速、不易压货、打理方便、形式多样等特点。开设网店不用经过装修、采购等过程，在买卖双方达成意向之后可以立刻付款交易，商品通过物流送到买家的手中。网店没有实体店铺压货的担忧，不需要请店员看店，也不需要跑路上货。如果资金充足，可以自己构建网店，个人可以选择比较好的网店服务提供商进行注册并交易。

网店交易最大的问题是信任机制，信任感使买家喜欢与自己交易过有信任度的商家交易，因此第一次交易顺利的买家成为老客户的机会更高。

小李经常在淘宝网上网购商品，小李的很多朋友也经常在淘宝网上网购，他不但知道网上商品种类繁多，更知道怎样能得到意想不到的实惠。因此，他也想在淘宝网上开个网店，实现自己的创业梦想。

任务活动

1．教师讲解、演示网上开店的操作过程

（1）网店、身份认证等。

（2）网上开店过程和可能遇到的问题。

2．学生操作练习网上开店过程

（1）登录淘宝网卖家中心，拍身份证照，输入认证信息。

（2）处理在网上购物过程中遇到的问题并总结解决办法。

3．师生讨论在网上开店过程中遇到的问题和解决方法

（1）淘宝网上开店需要做哪些准备？

（2）如何定位自己的网店？

任务操作

（1）打开浏览器，在地址栏中输入淘宝网址，按【Enter】键，打开“淘宝网”首页，并单击“请登录”链接，输入淘宝账号和密码，登录淘宝网，如图 7-1-1 所示。

图 7-1-1　“淘宝网”首页

（2）单击“千牛卖家中心”链接，打开“千牛商家工作台”网页，如图 7-1-2 所示。

图 7-1-2　“千牛商家工作台”网页

（3）单击“淘宝开店”下的“0 元开店”按钮，打开“淘宝免费开店”网页，如图 7-1-3 所示。

图 7-1-3　“淘宝免费开店”网页

（4）单击“个人开店”按钮，弹出“个人开店材料清单”提示框，如图 7-1-4 所示。

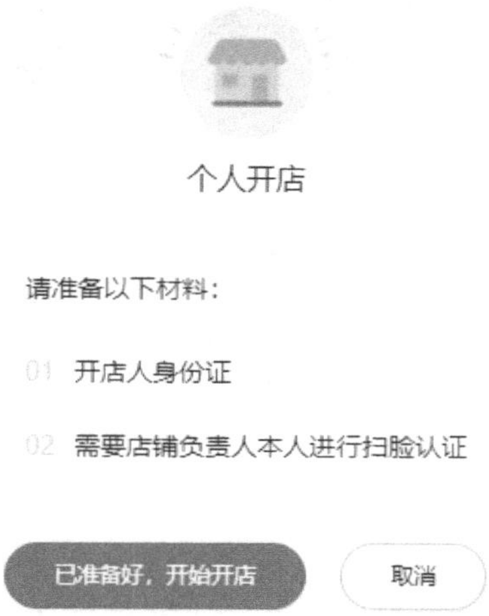

图 7-1-4　“个人开店材料清单”提示框

（5）单击“已准备好，开始开店”按钮，打开“个人开店”界面，如图 7-1-5 所示。

图 7-1-5 “个人开店”网页

提示

若你用淘宝账户网购了商品，那么你的支付宝账户已经绑定，支付宝实名认证已经通过。

（6）勾选“已阅读并同意以下协议淘宝网卖家服务协议、消费者保障服务协议、支付宝支付服务协议”复选框，单击“0 元开店”按钮，进入“开店”界面，如图 7-1-6 所示。

图 7-1-6 “开店”界面

（7）完成支付宝认证。用户可以通过电脑端操作或手机支付宝扫一扫认证。单击“方法一：去电脑端操作”下方的“去认证”按钮，打开“身份认证”界面，如图 7-1-7 所示。

图 7-1-7 “身份认证”界面

（8）按照要求上传本人身份证，单击“确定提交”按钮进行审核。

（9）按照要求继续完成“实人认证”。

（10）“支付宝认证”和“实人认证”都完成并经过审核通过后，会弹出“恭喜您开店成功”提示框，如图 7-1-8 所示，同时邀请您填写“商家创业档案”。到此，网上开店的手续已经办理完成，可以进入卖家中心发布你的宝贝（商品）了。

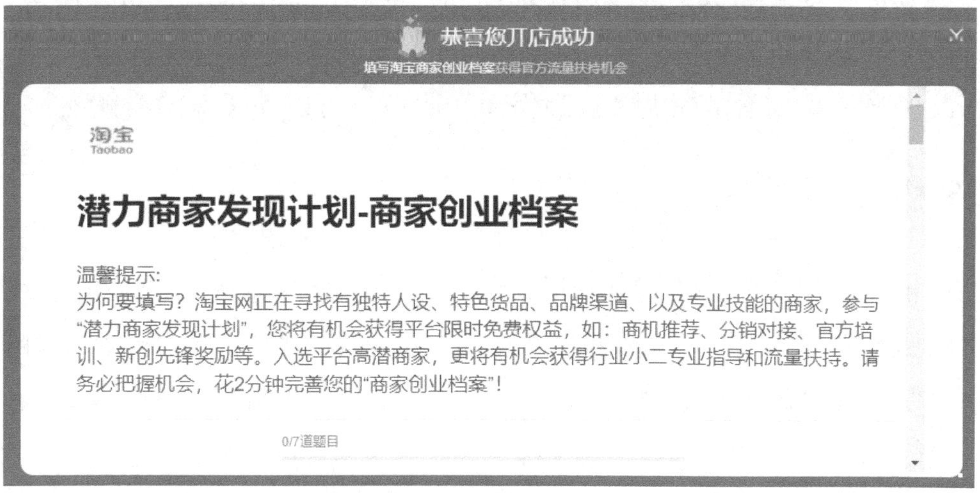

图 7-1-8 “恭喜您开店成功”提示框

知识链接

1．网上开店

网上开店是指店主（卖家）自己建立网站或通过第三方平台，把商品（其形象、性能、质量、价值、功能等）展示在网络上给买家看，然后在网络上留下联系和支付方式，买卖双方相互联系，然后买家以汇款或网上银行的付款方式跟店主进行买卖，来完成交易的整个流程。

网上开店所售商品有两种，一是实物，二是虚拟物品。实物是指大多数的网购物品，如家具、服装、电器和电子产品等物品。虚拟物品是指话费充值、QQ 增值业务、游戏卡等。

2．消费者保障服务

消费者保障服务，简称淘宝消保，是指经用户申请，由淘宝在确认接受其申请后，针对其通过淘宝网这一电子商务平台同其他淘宝用户（买家）达成交易并经支付宝服务出售的商品，根据本协议及淘宝网其他公示规则的规定，按其选择参加的消费者保障服务项目，向买家提供相应的售后服务。

淘宝的消费者保障服务项目通常有。

（1）如实描述：买家购买支持此服务的商品，如果被发现和卖家描述的不一样，可以申请赔付。

（2）七天无理由退换货：买家购买支持此服务的商品后，如果在签收货物后的 7 天内不想买了，卖家有义务向客户提供退换货服务。

（3）假一赔三：买家购买支持此服务的商品，如果被发现是假货，就能申请三倍赔偿。

（4）闪电发货：买家购买支持此服务的商品，能够享受“闪电发货”服务，要是卖家发货不及时，买家可以申请赔偿。

（5）正品保障：卖家承诺提供“正品保障”服务，可以使买家放心购买。

任务拓展：网店装修

网店的店铺装修与实体店的装修一样，都能让店铺变得更美，更吸引人。一个好的店铺设计对于网店来讲更为重要，因为客户是从网上的文字和图片来了解网店和网店产品的，所以好的店铺装修能增加用户的信任感，也可以在树立店铺品牌形象上起到关键作用。店铺装修的具体过程如下。

（1）登录淘宝网，单击“千牛卖家中心”下拉列表中的“免费开店”选项，打开“千牛”页面，如图 7-1-9 所示。

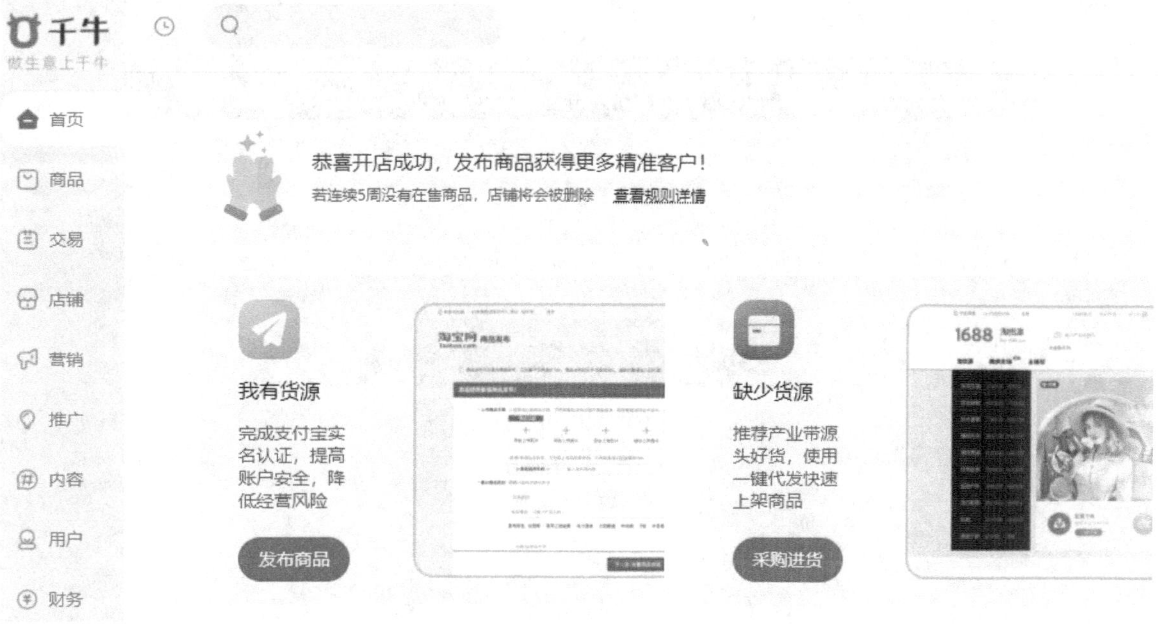

图 7-1-9 “千牛”页面

（2）单击左侧“店铺”选项，单击“店铺装修”列表栏中的“PC 店铺装修”链接，如图 7-1-10 所示，跳转到“PC 店铺装修”界面。

图 7-1-10 单击“PC 店铺装修”链接

（3）单击上方导航栏中的“素材中心”按钮，将店面装修用的图片上传到“店铺装修”目录中，如图 7-1-11 所示。

图 7-1-11　上传“店铺装修”图片

（4）单击上方导航栏中的“店铺装修”按钮后，单击“PC 端”按钮开始进行店铺装修，如图 7-1-12 所示。

图 7-1-12　店铺装修页面

（5）单击“分类”按钮，进行宝贝分类管理，如图 7-1-13 所示。

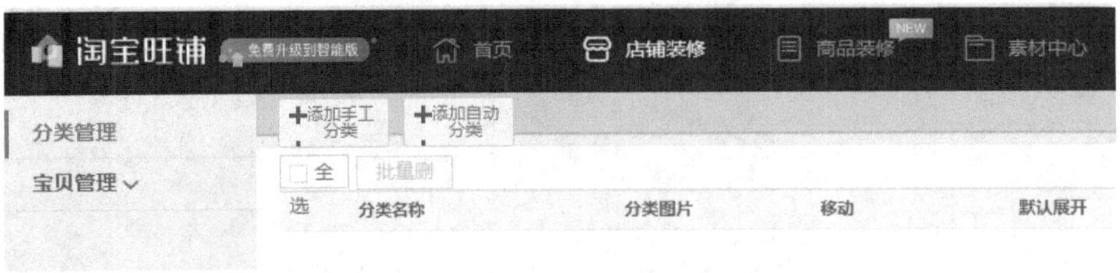

图 7-1-13　宝贝分类管理

（6）多次单击“添加手工分类”按钮，输入相应的分类名称，单击“保存更改”按钮，完成分类操作，如图 7-1-14 所示。

图 7-1-14　添加分类信息

（7）鼠标指向“页面装修”按钮，在出现的菜单中单击“页面管理”命令，进行页面管理，如图 7-1-15 所示。

图 7-1-15　页面管理

（8）单击“页面编辑”按钮，进行页面装修，如图 7-1-16 所示。

图 7-1-16　页面装修

（9）单击“布局管理”按钮，进行页面布局，如图 7-1-17 所示。

图 7-1-17　页面布局

（10）为了方便学习，可以将布局进行简化。将鼠标移动到不需要的布局块上，出现“关闭”按钮，单击“关闭”按钮，关闭该布局块。将“客服中心”拖曳到“宝贝分类”栏区域之上，对布局进行简化，效果如图 7-1-18 所示。

图 7-1-18　简化布局

（11）单击“页面编辑”按钮，进行页面编辑，如图 7-1-19 所示。

图 7-1-19　页面编辑

（12）双击页头区域，弹出“店铺招牌”对话框，进行招牌编辑，如图 7-1-20 所示。

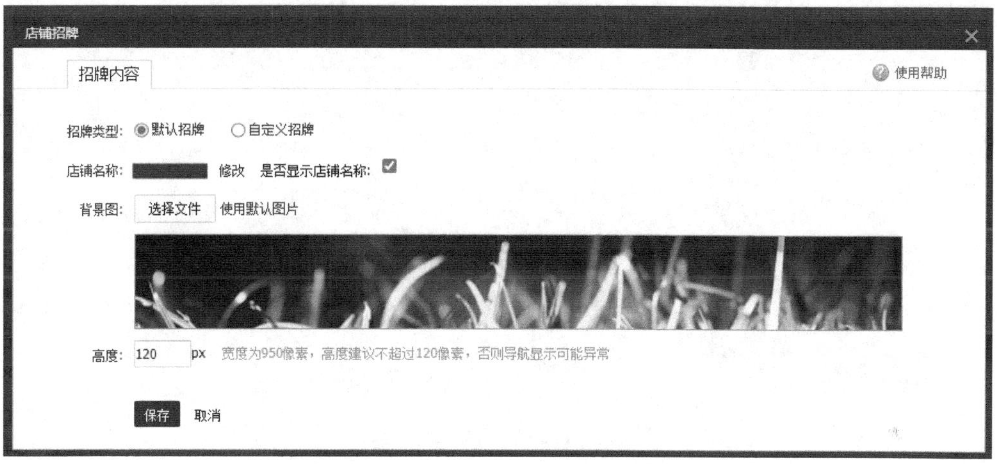

图 7-1-20　招牌编辑

（13）取消勾选“是否显示店铺名称”的复选框，单击“选择文件”按钮，在“图片空间”中，选择制作招牌文件的图片，单击“保存”按钮，店铺招牌装修效果如图 7-1-21 所示。

图 7-1-21　店铺招牌装修效果

（14）鼠标指向“图片轮播”区域，单击出现的“编辑”按钮，打开“图片轮播”页面，如图 7-1-22 所示。

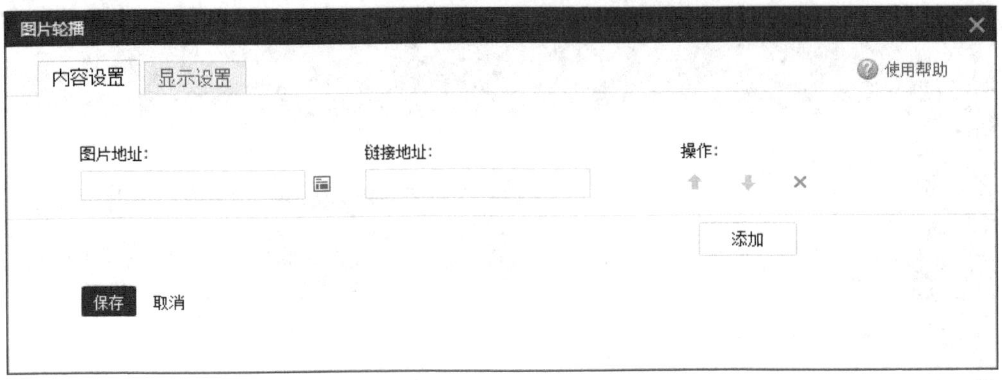

图 7-1-22 “图片轮播”页面

（15）单击图片地址后的图片浏览按钮，添加“图片空间”中的轮播图片，单击“添加”按钮，添加更多轮播图片，如图 7-1-23 和图 7-1-24 所示。

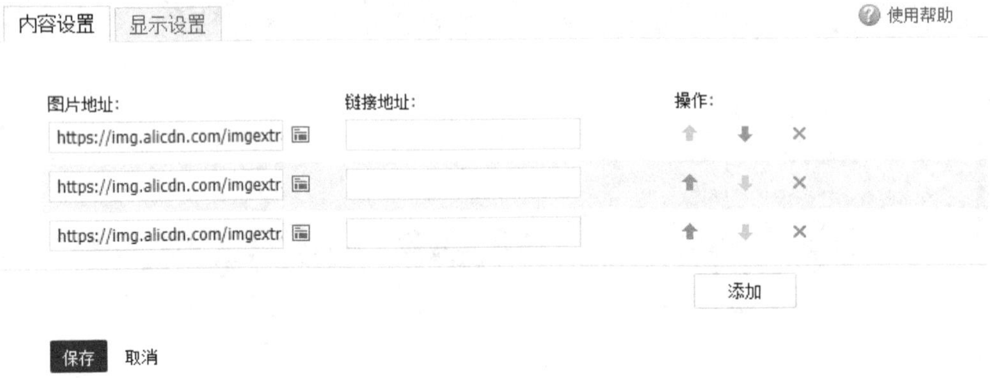

图 7-1-23 内容设置

图 7-1-24 显示设置

（16）单击“保存”按钮，图片轮播装修完成，如图 7-1-25 所示。

（17）单击“发布站点”→“确认发布”→“查看店铺”按钮，查看店铺的装修效果，如图 7-1-26 所示。

（18）用同样的方法，给网店的其他页面进行装修。

图 7-1-25　图片轮播装修效果

图 7-1-26　查看店铺装修效果

常见问题及解决策略

1. 开店前需要提前做的准备工作

自己开设网店前，应了解及准备好以下工作。

（1）了解淘宝网的运营环境和平台规则。

（2）准备好同一手机号码申请的淘宝账号和支付宝账号。

（3）准备好申请人身份证的正面及反面电子照片。

（4）进行实人认证时申请人必须进行人脸识别。

2. 上传身份证照片认证不通过

对身份证拍摄电子照片，请特别注意以下几点。

（1）建议用像素在 500 万以上的手机或数码相机拍摄，不能用计算机自带的摄像头拍摄。

（2）拍照尽量选在白天或光线充足的地方进行，以免因光线影响拍照效果。

（3）拍摄的身份证电子照片要求证件的头像清晰，四角完整，证件文字信息和身份证号码清楚可辨。

（4）电子照片上传时不能对照片做任何形式的修改或处理，必须原图上传，无修改。

任务 7.2　网店运营

近年来，虽然网上商店的数量与日俱增，但许多网店由于经营者缺乏营销意识，使自己的网店昙花一现。网上商店同传统的商店一样，都需要店主精心打理。因此，店主制定既适合自己网店商品，又满足网络环境的经营策略十分必要。

案例 14：在网店中售货

网店有别于传统商店使其营销策略也具有特殊性，但就网络营销理论来讲，仍基于传统营销的 4P（产品、价格、渠道、促销）和 4C（消费者的欲望和需求、消费者获取满足的成本、消费者购买的方便性、企业和消费者的有效沟通）原则，只不过依据网络特点又产生了新的营销方式。

网络营销可以从吸引顾客、建立信任、促成销售三个环节做起。在第一环节中首先要考虑网店商品的“新、奇、特”性质，以此吸引顾客的眼球，然后充分利用网络论坛、友情链接、QQ 群、搜索引擎、博客宣传渠道等方式扩大商品影响，当然若能善用关键字组合作为商品标题肯定会增加商品被检索的机会。消除顾客因网络虚拟性而产生的疑虑或不信任感，是促成顾客下单购买商品的关键环节，可通过网站的真实宣传、加入消费者保护服务项目、确实诚信的服务，逐渐取得消费者信任，随着生意量增多、好评增加，信任度会进一步提升。不同时期网店的促成销售策略不同，在商品导入期内可采用高价快速策略、低价快速策略、选择渗透策略、缓慢渗透策略。在成长期市场需求量较大，营销策略也应做出相应调整：①集中人力、物力和财力，应对迅速增加或扩大的销售问题；②改进商品质量、增加特色；③细分市场、开拓市场、创造新用户，扩大销售；④疏通增加新的流通渠道，扩大产品销售面；⑤改变网站的促销重点，从介绍产品转为树立形象，提高网站产品的社会声誉；⑥充分利用价格手段，适时让利，获取更多客户资源。在商品衰退期则应以维持、缩减和撤退为重要策略。

小李在成功申请了网店之后，认真研究了网络营销策略，给自己的货品拍了照片，撰写了产品介绍，动用了自己熟知的各种宣传渠道，踌躇满志地开始了网上售货历程。

任务活动

1. 教师讲解、演示网店运营管理的操作过程

（1）讲解宝贝发布、与客户沟通、发货、收款等内容。

（2）处理网店运营过程中可能遇到的问题。

2. 学生上机进行网店运营操作练习

（1）练习网店运营涉及的全部操作。

（2）处理操作过程中遇到的问题并总结解决办法。

3. 师生讨论在网上交易过程中遇到的问题和解决方法

（1）网店没有生意怎么办？

（2）遇到买家退货怎么处理？诚信经营会带来什么好处？

任务操作

1. 发布宝贝

（1）登录淘宝网，单击“千牛卖家中心”的“免费开店”链接，在左边的导航栏中单击“商品”选项，打开“商品管理”列表框，单击“发布宝贝”链接，如图 7-2-1 所示。

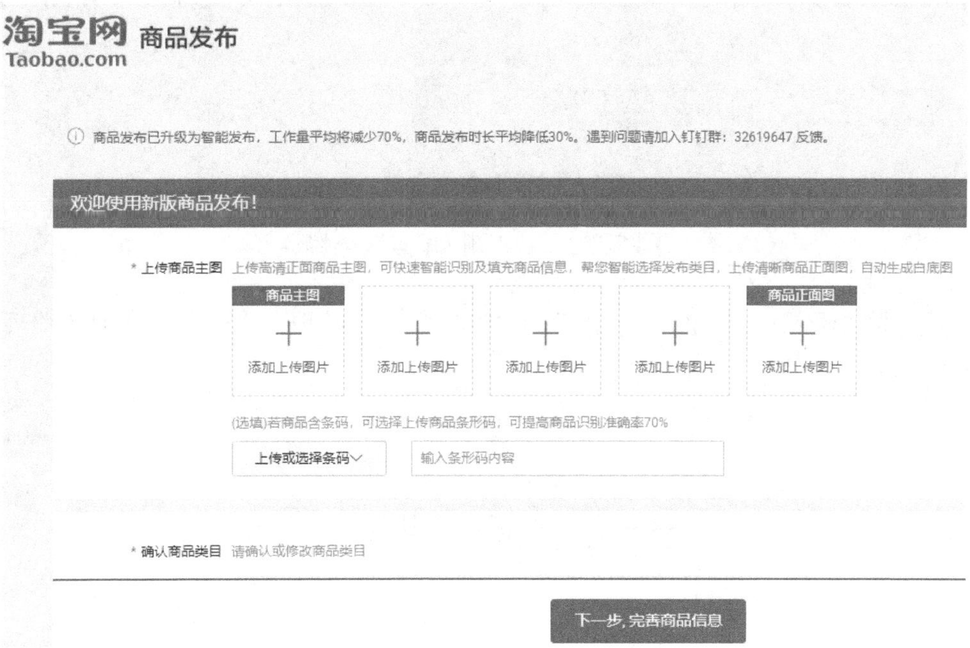

图 7-2-1 “发布宝贝”页面

（2）按照要求输入相应内容后单击“下一步，完善商品信息”按钮，打开“完善商品信息”页面，如图 7-2-2 所示。

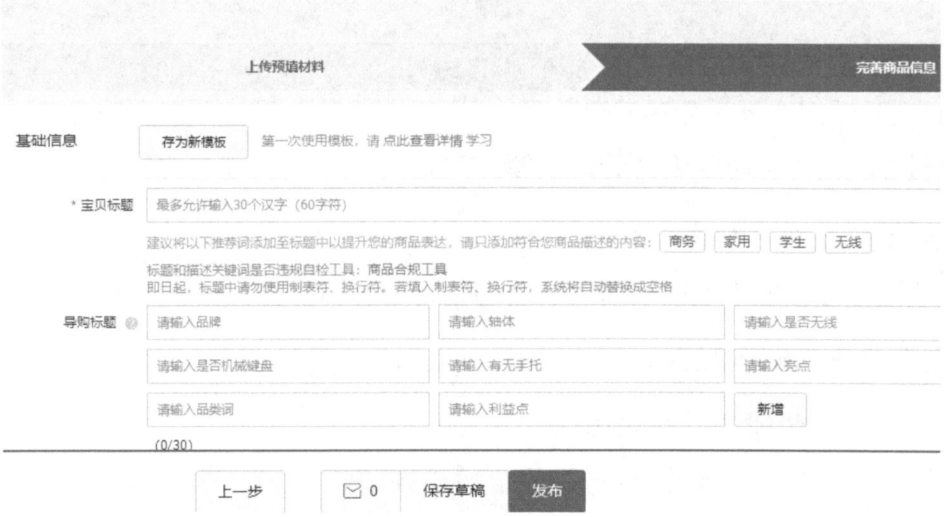

图 7-2-2　“完善商品信息”页面

（3）输入宝贝基础信息、销售信息、支付信息、物流信息及图文描述，单击“发布”按钮，完成宝贝发布。

提示

在宝贝标题、描述等处不能出现虚假宣传或夸大商品效果的信息，请仔细核查。

2. 与客户沟通

（1）在淘宝网首页下端的“淘宝特色”中单击“旺旺/旺信”链接，如图 7-2-3 所示。

图 7-2-3　“旺旺/旺信”链接

（2）打开“阿里旺旺”页面，单击右上角的“阿里旺旺”下拉菜单中的“千牛”链接，打开“千牛”页面，如图 7-2-4 所示。

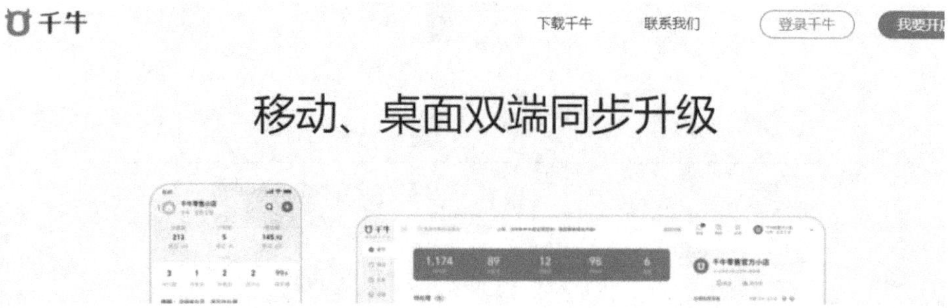

图 7-2-4　“千牛”页面

（3）单击“下载千牛”链接，选择电脑版下载千牛，并进行安装。

（4）运行“千牛卖家工作台”软件，打开软件登录界面，如图 7-2-5 所示。

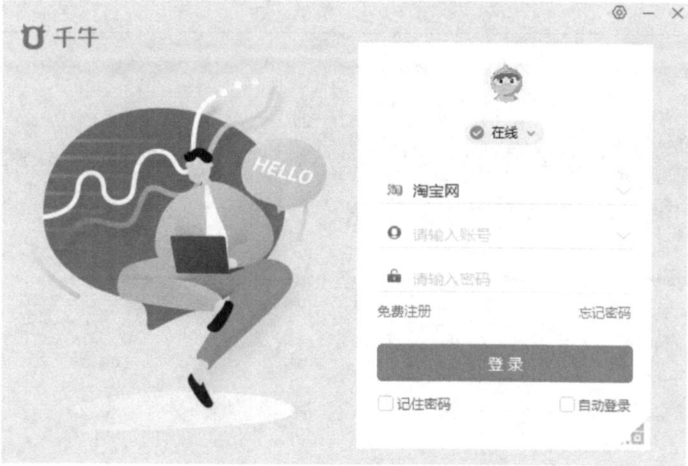

图 7-2-5　软件登录界面

（5）输入淘宝账户和密码，单击“登录”按钮，进入千牛工作台主界面，如图 7-2-6 所示。

图 7-2-6　千牛工作台主界面

（6）若有客户咨询宝贝信息，聊天窗口将弹出，卖家通过聊天窗口能与买家直接沟通，如图 7-2-7 所示。

图 7-2-7　聊天窗口

提示

安装千牛工作台手机版，既方便与买家沟通，也能利用其特殊功能维护和管理网店。

3. 给客户发货

（1）登录淘宝网，在“卖家中心”的“交易管理”栏目中，单击“已卖出的宝贝”链接，打开已卖出的宝贝清单，如图 7-2-8 所示。

图 7-2-8 已卖出的宝贝清单

（2）找到相应交易记录以后，单击“发货”按钮，如图 7-2-9 所示。

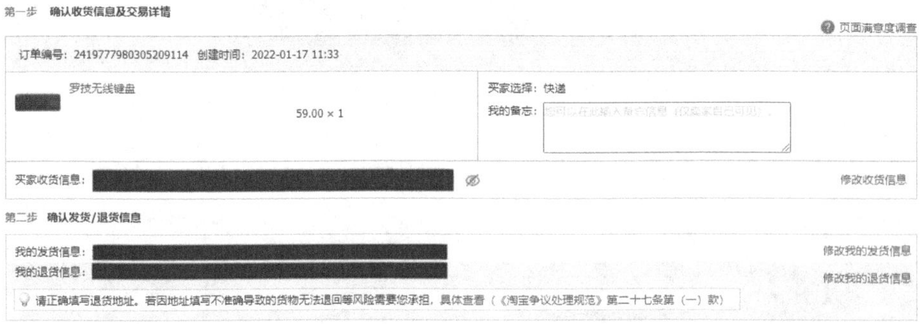

图 7-2-9 确认收货、发货、退货信息

（3）在选择物流服务中，选择物流公司，单击“选择”→“确定”按钮，等待物流公司来取货，如图 7-2-10 所示。

图 7-2-10 选择物流公司

（4）当物流公司来取货时，在发货信息中填上运单号码，完成发货过程。

提示

除了在“已卖出的宝贝”中单击发货，在“卖家中心”的“物流管理”中单击“发货”链接，也能进行发货操作。

知识链接

1．虚拟物品

虚拟物品是无邮费，无实物性质，可以通过数字或字符发送的商品，如网络游戏点卡、腾讯 QQ 币、移动/联通/电信充值、网游装备/游戏币/账号/代练等。

2．第三方物流

第三方物流（TPL），是指生产经营企业为集中精力搞好主业，把原来属于自己处理的物流活动，以合同的形式委托给专业物流服务公司，然后保持密切联系，以达到对物流全程的管理。以合同制委托的物流，都可以视为第三方物流。

第三方物流是通过契约形式来规范物流经营者与物流消费者的关系，物流经营者根据契约规定的要求，提供多功能、全方位一体化物流服务，并以契约管理所有提供的物流服务活动及其过程。

第三方物流发展联盟也是通过契约的形式，明确各物流联盟参加者之间的权利和义务。

任务拓展：网店推广

随着网购人数越来越多，准入门槛较低的网店吸引了一批又一批的“卖家”，然而，不少怀抱创业热情的卖家在经历多年打拼、挣扎后，选择了放弃，当然也有人创业成功。那么，网店创业有什么秘诀？怎样才能成为一名“大卖家”？

新开的网店，客流量少、订单少是自然现象。怎样增加客流量？怎样提高淘宝排名？怎样提高网店的知名度？怎样售出更多的商品？下面是一些值得网店经营者参考的实用方法。

（1）优惠券策略。一个客户成功订购商品之后，一定要赠送客户一张有时间限制的优惠券。在优惠券有效期限内购买商品，优惠券可以抵充一定的金额，但是过期作废。客户若想获得此优惠，就会在有效期内使用优惠券，或者赠送给他的亲友使用。

（2）数据库营销。定期向客户推送对客户有价值的信息，同时合理的附带商品促销广告。若只是生硬地向客户推送广告，效果很差，一定要在向客户发送客户喜欢信息的同时合理融入广告。

（3）参加淘宝活动。参加天天特价频道，淘宝促销频道，聚划算，淘金币换好礼，淘宝 VIP 专区（购优惠），新人有礼专区等活动，能够提高网店排名和交易量。

（4）向身边的人推广。通过身边的亲戚、朋友、同事推广店铺或者介绍网店商品，让更多人成为你网店的宣传者。

（5）利用 QQ、微信推广。每个人的 QQ、微信都有众多好友，利用好友的信任，可以快速推广网络店铺，当然，在你推广商品的同时，应牢记诚信二字。

（6）分享推广。将网店信息分享到 QQ 空间、微博等地方，吸引好友或其他人关注。

（7）博客推广。每天分享一篇博文（推广博文），让众多网民通过博客看到你的店铺，购买你的商品。

（8）论坛推广。到人群聚集较多的论坛，发言分享你的店铺或者商品，吸引更多的人了解你的网店，知名度扩大了订单才会增加，销售量才会增长。

常见问题及解决策略

1. 不知何时才能收到货款

在淘宝交易中，买家确认收货，订单状态显示“交易成功”后，相关交易款项将立即打到卖家淘宝账户绑定的支付宝账户中。

自卖家发货之日起，在不同的邮递方式下（自动发货商品 1 天、虚拟物品 3 天、快递和 EMS 运输等 10 天、平邮 30 天），买家收到货后如果不确认收货也没有申请退款的，系统将会自动打款给卖家。建议卖家及时联系买家了解情况，实现尽快收回货款，多和消费者沟通也是增加信任度的极佳方法。

2. 买家收到商品说质量有问题

（1）联系买家并请其提供实物图片，确认问题是否属实。

（2）核实进货时的商品是否合格。

（3）如果确认商品问题或无法说明商品是否合格，可以直接与买家协商解决（如退货退款、部分退款、换货等），避免与买家之间发生误会，造成声誉损失。

（4）准备商品正规进货凭证，以便后续处理时的申诉。

3. 处理买家以没收到货为理由申请退款

（1）联系物流公司确认商品派件情况。

（2）若物流公司已正常派送，向物流公司核实签收者。

（3）如果不是买家本人签收，且没有买家的授权，建议直接退款并联系物流公司协商索赔，尽量避免与买家之间发生误会。

（4）准备有效发货底单、买家本人签收底单或合法授权签收凭证，以证明自己无过错。

（5）若卖家确定已经给买家发货，且买家已收货，可以拒绝买家的退款要求，并在退款详情页面提供相应凭证。

项目小结

本项目以实现网络销售为主要目的，以网上开店和网店运营两个具体任务为过程，希望通过实际训练达到项目设定的基本目标，使学习者成为网店大军中的一员。

网店销售的优势在于给企业提供了直接面向消费者的平台，这不仅降低了企业的销售成本，使产品的价格虚高空间最小化，也能使企业利益达到最大化，且突出了产品销售过程的价格优势，强化了销售者和消费者之间的沟通，对扩大商品宣传有益。了解开网店的基本方法和过程，可以增加网络生活知识，也能获得一种谋生的手段。

维护网店高效运行获得较高利润，离不开特殊的营销手段，而扮靓自己的网店，采用有效的营销手段只是基础，诚信经营、利义共存才是网店长久经营的根本。

项目考核

学习任务完成后，可以进行自评、互评和教师点评，形成个人和学习小组任务完成情况总体评价。合作学习评价的内容和要求参见项目一，知识、技能评价的内容和要求如下。

（1）对网上开店的基本了解。

能够清楚描述网上开店的流程，理解网店给现代经营模式带来的冲击。

（2）网上开店的熟练程度。

能够在淘宝网顺利开设自己的网店，并能够对自己的网店进行简单的店铺装修。

（3）对网店运营的基本了解。

了解网店售货的流程，了解网店经营的一些方法和策略。

（4）网店运营的熟练程度。

掌握网店售货的操作流程和方法，能正确完成网店售货。

项目习题

1. 单项选择题

（1）在淘宝网开店，遇到什么情况会被查封账户？（　　）

A. 只有当该账户的严重违规行为扣分累积到四十八分，才会被查封账户。

B. 只要发生了严重违规行为，就会被查封账户。

C. 只要被买家投诉，就会被查封账户。

D. 只要违规了，就会被查封账户。

（2）在下列游戏产品中，哪个项目是不允许发布的？（　　）

A．游戏账号　　B．游戏装备　　C．游戏外挂　　D．游戏币

（3）除自行约定外，买家付款后卖家要在（　　）内发货。

A．12 小时　　B．24 小时　　C．48 小时　　D．72 小时

（4）买家在店铺里拍下商品并且付款了，在发货前买家又想申请退款，请问买家什么时候可以开始申请退款？（　　）

A．买家不能申请退款，只有卖家点了发货之后买家才能申请退款。

B．买家拍下（未付款）以后就可以申请退款。

C．买家付款以后就可以申请退款。

D．买家付款后三天内卖家还没点击发货的，买家可以申请退款。

（5）淘宝卖家必须遵守的基本义务是（　　）。

A．48 小时发货义务　　B．退换货包邮义务

C．如实描述　　D．全国发货包邮义务

（6）买家拍下商品不付款卖家应该如何处理？（　　）

A．买家拍下后 72 小时内未付款，系统会自动关闭交易。

B．卖家自行关闭交易。

C．联系支付宝客服。

D．依旧发货。

2．多项选择题

（1）以下对合格的商品主图描述正确的是（　　）。

A．突出产品　　B．背景简洁明快

C．适当添加促销语言　　D．必须使用白底

（2）店铺里常见的活动有（　　）。

A．满就送，满就减　　B．搭配套餐，搭配宝

C．店铺 VIP 淘宝 VIP　　D．限时折扣，优惠券红包

（3）老客户对店铺的作用是（　　）。

A．提升回头率　　B．提升 DSR 动态评分

C．提升客单价　　D．提升店铺口碑

（4）产品知识要素包括（　　）。

A．品牌属性　　B．风格人群　　C．特性卖点　　D．品类结构

3．判断题

（1）一个人在淘宝网上只能开一个网店。（　　）

（2）阿里旺旺聊天记录可以作为处理交易纠纷的证据。（　　）

（3）物流因素不受商家控制，所以商家无法避免商品的物流纠纷。（　　）

（4）优惠券可以用在刺激消费和维护老客户上。（　）

（5）对于半夜拍下未付款的顾客，应该在第二天一上班就马上催单。（　）

4．简答题

（1）简述淘宝开店流程。

（2）淘宝店铺主要有哪些页面组成？

（3）如何才能保证购销双方的合法权益？

（4）简述网店销售货物的流程。

（5）遇到买家要求退货怎么办？

5．实训题

（1）在淘宝网或京东商场办理开店手续。

（2）给自己开设的网店进行简单装修。

项目 8

网络防毒

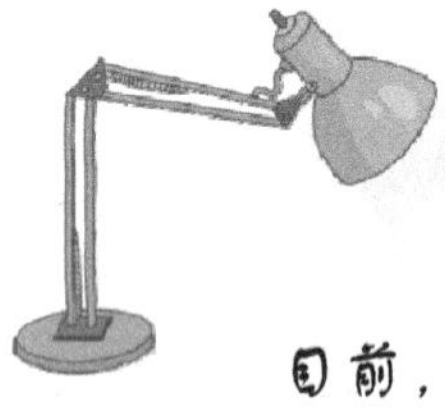

目前，开放性的互联网已经成为计算机病毒广泛传播的有利环境，通过网络传播计算机病毒不但速度快、影响面广，而且危害性也更大。因此，全面了解计算机网络病毒，熟练掌握计算机网络病毒检测与清除技术，并构建有效的网络防毒体系，是保障计算机网络系统安全的重要内容。

项目目标

（1）了解网络病毒的基本概念，学会熟练使用杀毒软件清除网络病毒，强化网络查杀毒能力。

（2）了解木马对网络应用造成的危害，学会熟练使用木马查杀软件清除木马。

（3）了解防范病毒和木马策略，能够有效防范病毒和木马的入侵，提高安全应用网络能力。

（4）了解制作病毒行为的违法性，强化遵纪守法意识。

任务 8.1　防范病毒

在《中华人民共和国计算机信息系统安全保护条例》中，计算机病毒被定义为“编制或者在计算机程序中插入的破坏计算机功能或者破坏数据，影响计算机使用并且能够自我复制的一组计算机指令或者程序代码”。计算机网络病毒是一个广义的概念，只要是利用网络进行传播、破坏的计算机病毒都可以被称为计算机网络病毒。

案例15："熊猫烧香"病毒

2006年12月至2007年年初，短短两个多月的时间，一个名为"熊猫烧香"的病毒不断入侵个人计算机、感染门户网站、击溃数据系统，给用户带来无法估量的损失。"熊猫烧香"被《瑞星2006安全报告》列为十大病毒之首，也被《2006年度中国大陆地区电脑病毒疫情和互联网安全报告》评为"毒王"。据统计，全国有上百万台计算机遭受感染，数以千计的企业受到侵害，"熊猫烧香"病毒以窃取用户游戏账号、QQ币、游戏装备为目的，同时会引起用户计算机系统故障，丢失重要的文档资料。

2007年2月12日湖北省公安厅宣布，侦破了制作传播"熊猫烧香"病毒案，号称2006年度互联网"毒王"的"熊猫烧香"病毒始作俑者李某在湖北落入法网。

"熊猫烧香"案一审宣判，主犯李某被判刑4年。"熊猫"终于停止了"烧香"，但它带给人们的启示却远未终结。

任务活动

1. 教师展示网络病毒危害案例，讲解网络病毒涉及的专业术语和知识

（1）讲解计算机病毒、网络病毒和手机病毒的基本概念。

（2）讲解网络病毒的作用机制。

2. 网络病毒危害案例收集

学生自主分组并充分利用网络资源进行病毒危害案例的收集，小组活动结束后应形成以下成果。

（1）收集到若干个网络病毒危害的真实案例。

（2）撰写一份简单的网络病毒危害案例分析报告。

（3）简述一段简短的小组活动总结。

3. 网络病毒危害案例讨论

根据对教材展示案例和自己收集案例的讨论结果，分组发言表达各组对网络病毒危害的看法，最终形成对网络病毒危害问题较为统一的认识。讨论可以围绕以下问题展开。

（1）网络病毒和手机病毒有什么异同？

（2）如何看待网络病毒的危害？

（3）手机病毒呈高发事态说明了什么？

（4）网络攻击为什么也和病毒有关？

任务操作

目前，网上有许多免费的查杀病毒软件供用户使用，正确使用查杀病毒软件可以有效防范网络病毒的危害。使用查杀病毒软件防范病毒需要掌握安装查杀病毒软件、开启各种防护功能和查杀本机病毒等操作。

1. 下载、安装瑞星杀毒软件

瑞星杀毒软件可以从瑞星官方网站的首页下载，下载和安装的具体操作如下。

（1）打开浏览器，输入瑞星官方网址，进入瑞星官方网站首页，单击“瑞星杀毒软件V17”，如图 8-1-1 所示。

（2）单击“试用下载”按钮，可将“瑞星杀毒软件 V17”安装文件下载至本地硬盘，瑞星公司允许个人用户在一定时限内免费使用该杀毒软件。

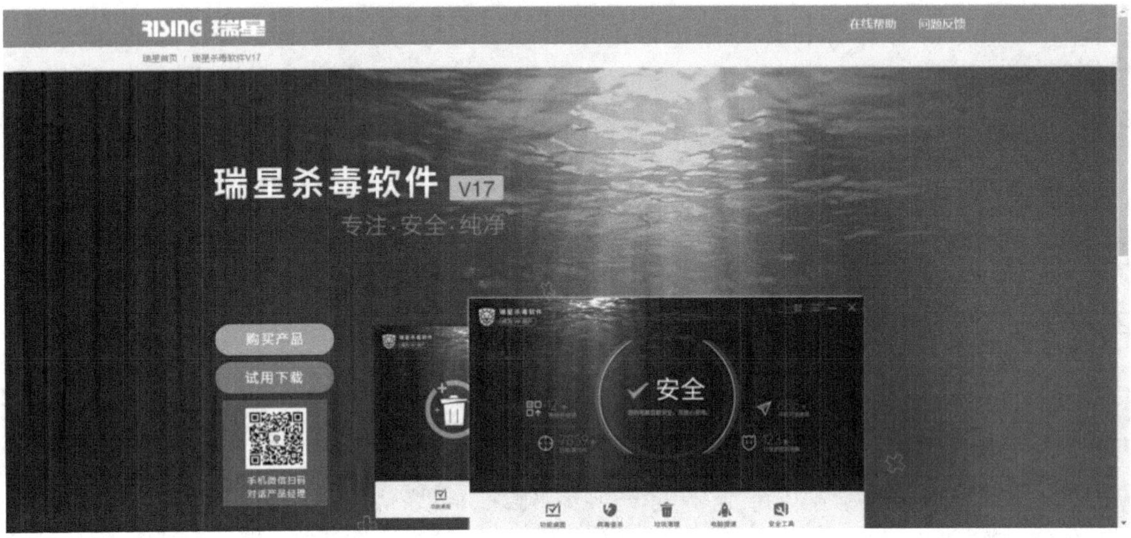

图 8-1-1　瑞星官方网站首页

（3）下载好安装文件后，双击安装文件图标，启动“瑞星杀毒软件 V17”自动安装程序，单击“快速安装”按钮，自动完成安装，如图 8-1-2 所示。

2. 查杀计算机病毒

“瑞星杀毒软件 V17”软件为用户提供了强大的病毒查杀功能，正确使用该软件可以很好遏制病毒的传染和破坏。使用瑞星杀毒软件查杀计算机病毒的操作过程如下。

（1）启动瑞星杀毒软件后，在“瑞星杀毒软件 V17”主界面的“病毒查杀”选项中，有 3 个病毒查杀按钮，单击“快速查杀”按钮，即可对“快速查杀”设置内容进行扫描，操作如图 8-1-3 所示。

图 8-1-2　瑞星杀毒软件安装向导

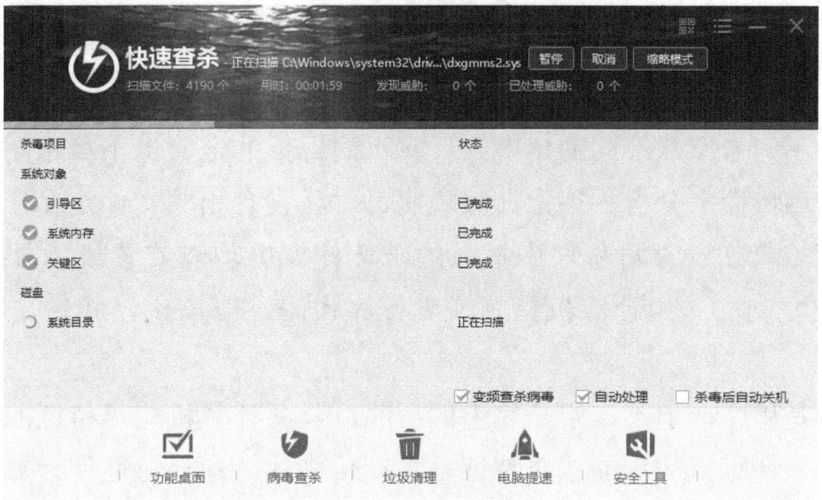

图 8-1-3　快速查杀

（2）单击“全盘查杀”按钮，即可对所有内容进行全面查杀。

（3）单击“自定义查杀”按钮，打开“选择查杀目标”操作界面，如图 8-1-4 所示。选择需要查杀的对象，单击“开始扫描”按钮，瑞星杀毒软件开始针对选定对象查杀计算机病毒。

（4）查杀结束后，瑞星杀毒软件显示查杀结果，如图 8-1-5 所示。

图 8-1-4　选择查杀目标

图 8-1-5　完成杀毒后的提示

知识链接

1．计算机病毒的定义

对于“病毒”人们并不陌生，猖獗一时的“SARS”病毒、“H1N1 高致病性禽流感”病毒和肆虐非洲的“埃博拉”病毒，都给人类社会带来了严重的灾难。那么，计算机病毒又是什么性质的病毒呢？

与生物病毒不同，计算机病毒是人为的产物，是某些别有用心的人利用计算机软、硬件所固有的脆弱性而编制的具有特殊功能的程序。由于这种程序与生物医学上的“病毒”具有同样的传染和破坏特性，所以人们就把这种具有自我复制和破坏机理的程序称为计算机病毒。

不同国家、不同专家从不同的角度给计算机病毒下的定义也不尽相同，但都是围绕着传染和破坏这两种特性来分析、认定计算机病毒。我国有相关文件定义计算机病毒。计算机病毒是指编制或者在计算机程序中插入的破坏计算机功能或者毁坏数据，影响计算机使用，并能自我复制的一组计算机指令或者程序代码。应该说，此定义在中国具有法律意义。

计算机病毒是程序，但不一定是完整的程序，具备计算机病毒特征的一组指令或代码就是计算机病毒。计算机病毒的本质特征是主动传染性，这一特征使计算机病毒的危害范围和危害性成倍增加。

2．网络病毒的基本工作原理

网络病毒常驻于一台或多台计算机的内存中，并有自动重新定位的能力。它会自动检测与其联网的计算机是否染毒，并把自身的复制程序（一个程序段）发送给那些未染毒的计算机。

网络病毒通常由两部分组成：主程序和引导程序。

网络病毒扩散的一般工作过程为：驻留在感染病毒计算机中的病毒主程序，通过读取公共配置文件，收集与之联网的其他计算机信息，寻找其他计算机系统的漏洞或缺陷，并尝试利用计算机系统存在的缺陷在远程机器上建立其引导程序。引导程序把网络病毒植入远程计算机，达到传染病毒的目的。网络病毒也可以使用存储在染毒计算机上的邮件客户端地址簿中的地址传播引导程序，进而传播病毒。

3．网络病毒的特点

网络病毒除了具有一般病毒的传染性、破坏性、隐藏性、顽固性等特点，还具有以下特点。

（1）利用操作系统和应用程序的漏洞主动进行攻击。

此类病毒有“红色代码”和“尼姆达”等，至今依然肆虐的“求职信”病毒也属此类。

因为IE浏览器存在漏洞，所以感染了“尼姆达”和“罗密欧与朱丽叶”等病毒的邮件，在不打开附件的情况下也能激活病毒。此前，很多防病毒专家一直认为，带有病毒附件的邮件，只要不去打开附件，病毒就不会有危害。“红色代码”是利用微软IIS服务器软件漏洞（远程缓存区溢出）进行传播的病毒，“SQL蠕虫王”病毒则是利用微软数据库系统的一个漏洞进行大肆攻击的病毒。

（2）传播方式多样。

借助多种传播方式，可以实现快速扩散病毒的目的。“尼姆达”病毒和“求职信”病毒的传播途径就包括利用文件、电子邮件、Web服务器、网络共享等多种方式。

（3）传染速度快。

计算机网络病毒普遍具有较强的再生机制，在网络中则可通过网络通信机制，借助高速电缆进行迅速扩散。

由于病毒在网络中传染速度非常快，使其扩散范围很大，不但能迅速传染局域网内的所有计算机，而且还能通过远程工作站将病毒在一瞬间传播到千里之外。

（4）破坏性强。

网络病毒将直接影响网络的工作，轻则降低速度，影响工作效率，重则造成网络系统的瘫痪，破坏服务器系统资源。

（5）制作技术更为先进。

网络病毒的制作技术与传统病毒不同，许多网络病毒是使用最新的编程语言与编程技术编制而成的，不但易于修改，而且会自动生成新的病毒变种，逃避反病毒软件的搜索。网络病毒借助于Java、ActiveX、VBScript等技术，可以潜伏在HTML页面里，在用户正常上网浏览信息时触发病毒。

（6）与黑客技术相结合。

与黑客技术结合的结果，使网络病毒潜在的威胁和损失更大。以“红色代码”病毒为例，在感染的机器中，Web目录下的“\scripts”将生成“root.exe”可执行文件，利用它可以远程执行任何命令，黑客也就能够轻而易举地进入该系统。

任务拓展：防范手机病毒

手机病毒是一种具有传染性、破坏性的手机程序，主要通过短信、彩信、电子邮件、浏览网站、下载信息、蓝牙等途径传播，感染病毒会导致手机死机、关机、个人资料被删、向外发送邮件泄露个人信息、自动拨打电话、发短（彩）信等，也有恶意扣费、损毁SIM卡和芯片等硬件的病毒。

随着互联网、大数据、人工智能的发展，滋生出了新型的电信网络诈骗犯罪。其中，手机是重要的作案工具。目前，该类问题已经严重威胁到了人民群众的财产安全。

防范手机病毒危害一般包括防范病毒入侵、及时发现病毒和清除病毒三个方面。

（1）防范病毒入侵。

在使用手机的过程中注意做好以下几个方面的工作，可降低病毒入侵的可能。

① 给手机安装查杀病毒软件，并开启防护功能，定期查杀病毒。

② 不接收陌生号码发送的信息或链接，发现后立即删除。

③ 不下载安装来历不明的软件。

④ 使用内存卡交换数据时注意查毒。

⑤ 隐藏或关闭蓝牙功能。

（2）及时发现病毒

当手机出现以下情况时，很可能已经感染了病毒。

① 手机上网流量异常增加。

② 手机话费无故减少。

③ 自己不知情却订购了某种业务。

④ 自动拨打别人的手机。

（3）清除病毒

怀疑手机感染病毒时必须进行病毒查杀，及时清除病毒可减轻危害。彻底清除病毒有以下两种方法。

① 使用查杀病毒软件全盘查杀病毒。

② 重新安装手机操作系统。

常见问题及解决策略

1. 用某种杀毒软件查杀时报告没有病毒，而用另一种杀毒软件查杀时报告有病毒

每种杀病毒软件的功能和作用有差别，但准确发现病毒的基本机理相近，即都是依据病毒库中的病毒特征代码报告病毒的。对于病毒库中不存在特征代码的病毒，杀毒软件是不会报告病毒的。由于病毒库更新滞后于病毒，病毒库中也就不可能囊括所有出现过的病毒。不同杀毒软件的病毒库收录的病毒特征代码的种类、数量不同，所以才会出现报告情况的差异。这也从一个侧面提示我们，采用多版本交叉杀毒是防范病毒的最好选择。

有些杀毒软件宣称具有查杀未知病毒的功能，这通常是用一定算法判断某一行为或代码可能为病毒，但绝不意味着一定是病毒，千万不要在报告未知病毒后将其一删了之。

2. 为什么杀毒软件要经常性升级

杀毒软件的升级内容一般有两项：一是升级杀毒软件的功能，二是升级病毒库。前者是扩充杀毒软件的功能，后者是增加查杀病毒的种类。经常性的升级通常是指病毒库的升级，只有经常不断升级病毒库，才能保证杀毒软件精准查杀新出现的病毒。

任务8.2　防范木马

木马全称为特洛伊木马（Trojan Horse），是一种基于客户端/服务器端（C/S）结构的远程控制程序，其名称取自希腊神话的特洛伊木马记。有人认为木马是病毒的一种特殊形式，应该归类于网络病毒，确实它的许多特性跟病毒相同或接近，归为同类不无道理。但是，在网络应用环境中木马的威胁逐渐上升，加之清除难度较大，木马已经成为严重影响正常网络应用的难题。因此，有必要专门讨论如何防治木马，以争取最大限度减小木马的危害。

案例16：内蒙古恶意木马伪装案

2020年2月7日，内蒙古兴安盟公安局网安支队接到线索，有人将恶意木马程序伪装成名为“全国新型肺炎疫情实时动态”的链接大肆传播，以此获取他人计算机控制权限。

时值疫情高发时期，此案利用人民群众关注的疫情防控工作，借疫情制作、传播恶意软件，性质恶劣。为此，兴安盟公安局网安支队立即开展工作，由于嫌疑人使用虚拟身份并利用黑卡隐藏自己的真实信息，案件一时难以突破，但通过民警们5天5夜不断关联、分析、研判和地面蹲守核查，终于在2月12日将兴安盟突泉县籍男子时某抓获，时某对自己的违法事实供认不讳。

该案被公安部列为挂牌督办案件，案件的破获受到公安部网安局、内蒙古公安厅网安总队的通报表扬。后来，兴安盟警方继续沿着犯罪生态链条深挖线索，并对拓展的2000余条线索进行全面核查。

任务活动

1．教师展示木马危害案例，讲解木马涉及的专业术语和知识

（1）讲解病毒和木马的异同。

（2）讲解木马的传染、触发机制。

2．木马危害案例收集

学生自主分组，并充分利用网络资源完成木马危害案例的收集，小组活动结束后应形成以下成果。

（1）收集到若干个木马危害的真实案例。

（2）撰写一份简单的木马危害案例分析报告。

（3）简述一段简短的小组活动总结。

3. 木马危害案例讨论

根据对教材展示案例和自己收集案例的讨论结果，分组发言表达各组对木马危害的看法，最终形成对木马危害问题较为统一的认识。讨论可以围绕以下问题展开。

（1）为什么会有木马病毒的说法？

（2）木马和病毒的主要差别是什么？

（3）种植木马的主要目的是什么？由此可以推断哪些人在传播木马？

（4）防范木马的主要措施是什么？

任务操作

与防范病毒类似，使用专门的工具可以查杀木马和防止木马入侵，360 安全卫士提供有木马查杀工具，也具有防范木马入侵功能。以下是使用 360 安全卫士进行木马查杀的基本操作。

1. 下载并安装 360 安全卫士

360 安全卫士可以从 360 官方网站下载，并安装到本地计算机上。具体操作过程如下。

（1）打开浏览器，输入 360 安全中心网址，打开“360 安全中心”首页，如图 8-2-1 所示。

（2）单击“立即体验”按钮下方的“离线安装包”链接，下载 360 安全卫士正式版，并保存至本地硬盘。

图 8-2-1 “360 安全中心”首页

（3）下载完成后，双击安装程序即可启动 360 安全卫士安装向导，如图 8-2-2 所示。

（4）选择安装路径，单击“同意并安装”按钮，系统自动安装“360 安全卫士”，如图 8-2-3 所示。

图 8-2-2 360 安全卫士安装向导

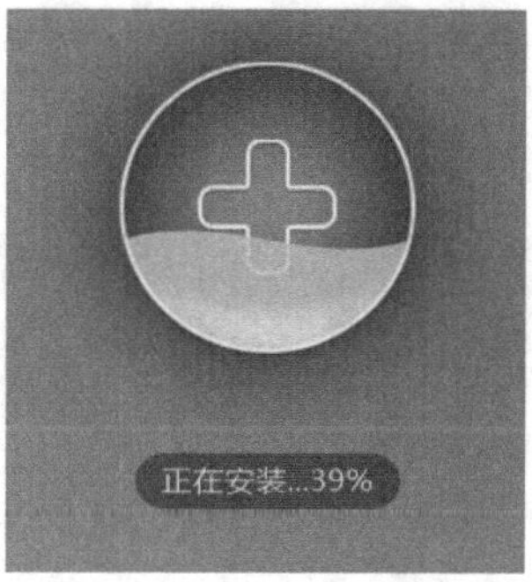

图 8-2-3 自动安装

2．清除木马操作

使用 360 安全卫士可以有效清除计算机中存在的木马程序，具体操作如下。

（1）双击桌面“360 安全卫士”快捷图标，启动 360 安全卫士，启动后的操作界面如图 8-2-4 所示。

图 8-2-4 “360 安全卫士”操作界面

（2）单击“木马查杀”按钮，进入木马查杀操作界面，如图 8-2-5 所示。

图 8-2-5　木马查杀操作界面

（3）单击“全盘扫描”按钮，即可开始对全部文件进行木马查杀，查杀进度显示如图 8-2-6 所示。

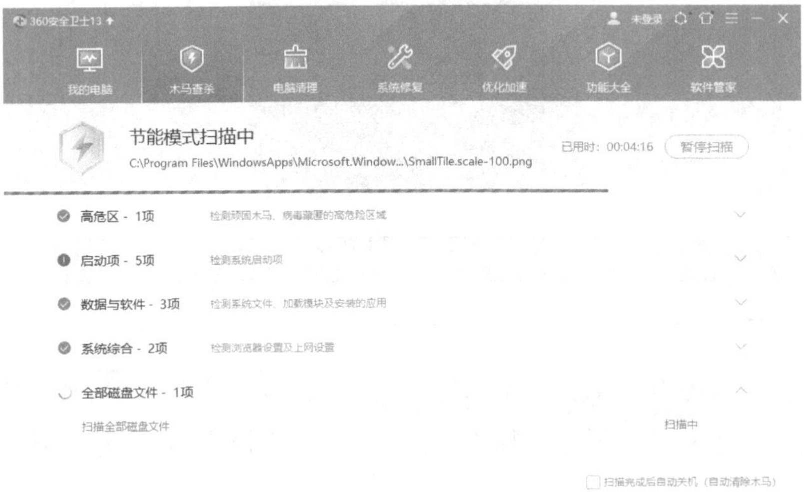

图 8-2-6　查杀进度

提示

360 安全卫士提供有 3 种木马扫描方式。

快速查杀：此方式仅扫描高危区、启动项、数据与软件、系统综合等关键位置，由于扫描范围小，速度较快。

按位置查杀：由用户自己指定需要扫描的范围，此方式特别适用于扫描 U 盘等移动存储设备。

全盘查杀：此方式扫描高危区、启动项、数据与软件、系统综合及全部磁盘，由于扫描范围广，速度较慢，且木马可能会存在于系统的任何位置，用户在第一次使用 360 安全卫士或者已经确定系统中了木马的情况下，需要采取此种方式。

（4）扫描完成，显示使用 360 查杀木马的结果，如图 8-2-7 所示。若发现计算机中存在木马，应单击“立即处理”按钮，删除硬盘中的木马。

图 8-2-7　查杀木马结果

3. 使用 360 安全卫士进行安全防护

360 安全卫士不仅具有查杀木马的功能，还具有很强的系统防护功能，有效利用 360 安全卫士的防护功能可以更好地保护系统安全。防御功能的具体设置操作如下。

（1）单击“360 安全卫士”主界面的“安全防护中心”按钮，进入“安全防护中心”界面，如图 8-2-8 所示。

图 8-2-8　“安全防护中心”界面

（2）单击“系统防护体系”选项卡，进入“系统防护体系”功能设置界面，如图 8-2-9 所示。单击防护项右侧的按钮，如“注册表防护”，可开启此项防护功能，按钮为灰色时表示该项防护功能关闭，绿色表示该项功能开启。

提示

360 安全卫士提供有 5 种防护体系，可以防范常见的安全威胁。

图 8-2-9 “系统防护”功能设置界面

（3）单击“安全防护中心”界面右上角的“设置”按钮，打开“360 设置中心”界面，可以看到更多的安全防护设置选项，能够更加详细的设置防护内容，“U 盘安全防护”界面如图 8-2-10 所示。

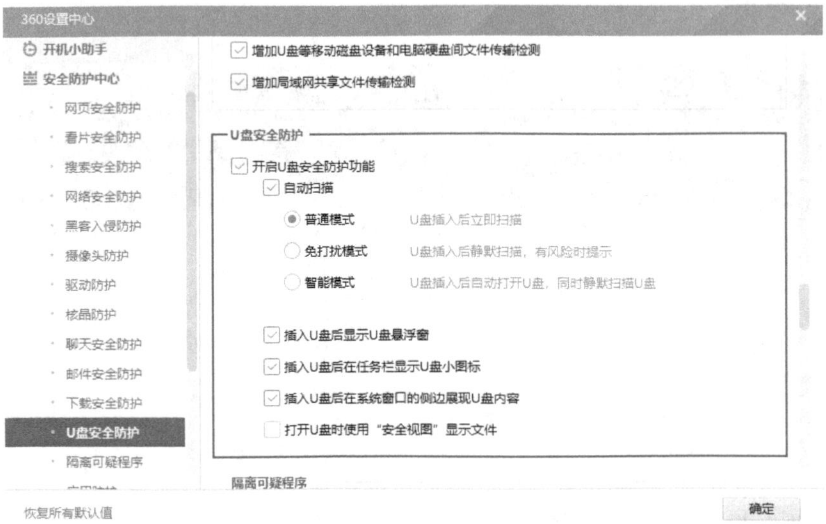

图 8-2-10 “U 盘安全防护”界面

知识链接

1. 计算机木马的基本组成

在通常情况下，一个完整的计算机木马系统由硬件部分、软件部分组成。

（1）硬件部分——建立木马连接所必需的硬件实体。

计算机木马系统的硬件部分由以下3部分组成。

控制端（客户端）：对服务端进行远程控制的计算机，通俗地说，就是黑客使用的计算机。

服务端：被控制端远程控制的计算机，是通过某种途径被安装了木马服务程序的目标计算机，通俗地说，就是被黑客控制的计算机。

网络：控制端对服务端进行远程控制，实现数据传输的载体。可以是局域网，也可以是像互联网之类的广域网，多数是通过互联网实施木马行为。一般对具体的连接方式没有限制，只要存在通道即可。

（2）软件部分——实现远程控制所必需的软件程序。

与硬件部分相对应，软件部分同样由3部分组成。

控制端程序（客户端程序）：控制端用来远程控制服务端的程序，也是安装在控制端供黑客使用的程序。

服务端程序：潜入服务端内部，获取其操作权限的程序，也是安装在服务端的程序（木马）。

配置程序：可以设置控制端、服务端的IP地址；控制端、服务端的端口号；服务端程序的触发条件；服务端程序名称等。设置服务端程序名称可以使服务端程序隐藏得更加隐蔽。

2. 计算机木马的基本种类

自计算机木马程序诞生至今，已经出现了多种类型的木马，且大多数木马都不是单一功能的木马。若仅以单一功能为标准，计算机木马可以进行以下分类。

（1）远程控制木马。

远程控制木马是数量最多，危害最大，同时也是知名度最高的 种木马。它可以让攻击者完全控制被感染的计算机，进而利用被控制机完成一些甚至连计算机主人本身都不能顺利进行的操作，其危害之大实在不容小觑。由于要达到远程控制的目的，该种类的木马往往集成了其他种类木马的功能，使其在被感染的机器上为所欲为，可以任意访问文件，得到机主的私人信息甚至是信用卡、银行账号等至关重要的信息。

“冰河信使”就是一个远程控制木马。这类木马用起来非常简单，只需运行服务端程序并且得到服务端的IP地址，黑客就能访问到服务端，进行危害活动。

（2）账户发送木马。

在信息安全日益重要的今天，用户账户无疑是信息应用最重要的信息。一般的账户包括用户名和密码，不管是计算机账户、网银账户还是网络游戏账户，都是如此。账户发送木马，是专门为了盗取被感染计算机可能存在的账户而编写的。木马一旦被执行，就会自动搜索内存、Cache、临时文件夹以及各种敏感文件，一旦搜索到有用的账户，木马就会利用免费的电子邮件服务将账户信息发送到指定的邮箱，从而达到获取别人私密信息的目的。

（3）键盘记录木马。

这种木马的工作方式非常简单，它只做一件事情，就是记录服务端的键盘敲击情况，并且在记录文件里查找密码。这种木马随 Windows 系统的启动而启动，它们有在线和离线记录的选项，分别用于记录在线和离线状态下敲击键盘的按键情况。木马获取需要的信息后，通过邮件发送给种植木马者。

（4）破坏性质的木马。

这种木马唯一的功能就是破坏被感染计算机的文件系统，使受害者遭受系统崩溃或者重要数据丢失的巨大损失。从这一点上来看，它和病毒很相像，但是木马的激活方式较为特殊，是由攻击者控制激活。

（5）DoS 攻击木马。

随着 DoS（拒绝服务攻击）越来越广泛应用，被用作 DoS 攻击的木马也越来越流行。一般来说，DoS 攻击需要大量计算机在同一时刻发起攻击，所以当黑客入侵了一台计算机，并种上 DoS 攻击木马后，这台计算机就成为黑客实施 DoS 攻击的最得力助手。黑客控制的服务端机器（一般被称为“肉鸡”）数量越多，发动 DoS 攻击取得成功的概率就越大。因此，这种木马的危害不仅体现在被感染的计算机上，也体现在攻击者可以利用它来攻击网络，给网络造成很大的危害和损失上。

（6）代理木马。

黑客在入侵的同时需要掩盖自己的足迹，谨防被别人发现，因此，给被控制的“肉鸡”种上代理木马，让其变成攻击者发动攻击的跳板是代理木马最重要的任务。通过代理木马，攻击者可以在匿名的情况下使用 Telnet、ICQ、IRC 等程序，从而隐蔽自己的踪迹。

（7）反杀毒软件木马。

虽然木马的种类很多，但要发挥作用，还要骗过防木马软件才行。常见的防木马软件有 Zone Alarm、Norton Anti-Virus、360 安全卫士等，这类软件有专门对付木马的功能。因此，反杀毒软件木马的功能就是关闭对方机器上运行的这类程序，让其他的木马更好地发挥作用。

（8）反弹端口型木马。

一般的防火墙都具有对接收的数据进行非常严格的过滤，对于发送的数据却疏于防范的特性。因此，木马使用反弹端口技术即在服务端使用主动端口，控制端使用被动端口。服务端定时监测控制端的存在，发现控制端上线，立即主动连接控制端，对于防火墙来说，服务端与控制端的数据传输就是从本机向外发送数据。为了隐蔽起见，控制端的被动端口一般开在 80。这样，即使用户使用端口扫描软件检查自己的端口，一般也不会发现异常问题。因为 80 端口为 HTTP 开放，供用户浏览网页使用。

（9）FTP 木马。

这种木马可能是最简单和古老的木马了，它的唯一功能就是打开 21 端口，等待用户连接。现在新 FTP 木马还加上了密码功能，只有攻击者本人才知道正确的密码，因而无法被种马者之外的人使用。

3．传播木马

在人们认识计算机木马的危害性后，传播计算机木马就需要特殊的隐藏技术，因此，木马借助大量的伪装手段实施扩散。

（1）传播方式。

木马的传播方式主要有两种：一种是通过电子邮件，将服务端程序以附件的形式从邮件中发送出去，收信人只要打开附件，系统就会感染木马；另一种是通过软件下载，即以提供软件下载为名义，将木马捆绑在软件安装程序上传播木马。下载了带木马的程序后，只要运行这些程序，木马就会自动安装。

（2）伪装方式。

由于木马的危害性很大，大多数用户对木马知识也有一定了解，使木马传播受到极大阻碍。因此，木马设计者使用各种方式伪装木马，以达到降低用户警觉，欺骗用户的目的。

① 修改图标。

有的木马为了达到欺骗用户的目的，将木马服务端程序的图标改成 Word、TXT、RAR 等各种常见的文件类型的图标。对普通用户来说，鉴别这些附件有一定的困难。

② 捆绑文件。

这种伪装手段是将木马捆绑到一个安装程序或者其他类型的文件上，当这些程序或者文件运行时，木马会随之运行，在用户毫无察觉的情况下，木马已经进入系统。被捆绑的文件一般是可执行文件（后缀名为 EXE、COM 的文件）。

③ 出错显示。

在通常情况下，如果对某个文件或程序进行双击的操作，会打开文件或执行程序。如果操作后没有任何反应，那么就有可能是伪装的木马。木马的设计者也意识到了这个缺陷，所以有的木马提供了出错显示的功能。当服务端用户打开伪装后的木马程序时，会弹出一个错误提示框（这当然是假的），错误内容信息可自由定义，大多会显示一些诸如“文件已破坏，无法打开！”之类的信息。当服务端用户信以为真时，木马可能已经侵入了系统。

④ 定制端口。

很多老式木马的服务端口是固定的，这给判断是否感染木马带来了方便，只要查一下特定的端口就知道感染了什么木马，所以现在很多新式的木马都加入了定制端口的功能，控制端用户可以在 1024～65535 中任选一个端口作为木马端口（一般不选 1024 以下的端口），这给判断感染木马类型带来了麻烦。

⑤ 自我销毁。

当服务端用户打开含有木马的文件后，木马会将自己复制到 Windows 的系统文件夹中（C:\Windows 或 C:\Windows\System 目录下），一般来说原木马文件和系统文件夹中木马文件的大小是一样的（捆绑文件的木马除外），那么中了木马的用户只要在收到的信件和下载的软件中找到原木马文件，然后根据原木马的大小去系统文件夹中寻找相同大小的文件，判断哪个是木马即可。而木马的自我销毁功能是指木马在服务端自动复制之后，原木马文件自动销毁，这样服务端用户就很难找到木马的来源，若没有查杀木马的工具帮助，很难删除木马。

⑥ 木马更名。

木马也是一种文件，安装到系统中的木马也必定会有一个文件名，而这个文件名一般是固定的。在信息交流如此发达的今天，用户可以通过网络或者利用其他方法，按照文件名来查找此木马的信息，从而判断木马类型和选择查杀方法。但现在几乎所有的木马都允许控制端用户自由定制安装后的木马文件名，可以把木马名称改为和某个系统文件很相似的名称，如“Exp1orer.exe”（不是系统文件“Explorer.exe”）。这样，就加大了人为判断系统是否感染木马的难度。

任务拓展：手工清除“冰河”木马

“冰河”是较为出名的木马，目前许多杀毒软件可以查杀“冰河”木马，但仍有众多感染“冰河”的计算机存在。在此，以“冰河”木马为例介绍手工查杀，借以说明手工查杀木马的方法和过程，不同木马的驻留、隐身、激活方法有差异，所以想采用手工方式彻底清除木马，必须对木马有非常清楚的了解。

“冰河”服务端程序为“G_server.exe”，客户端程序为“G_client.exe”，默认连接端口为7626。运行“G_server”程序后，在“C:\Windows\System”目录下生成“Kernel32.exe”和“sysexplr.exe”，然后删除自身。“Kernel32.exe”在系统启动时自动加载运行，而“sysexplr.exe”和“TXT”文件关联。在“Kernel32.exe”删除后，只要打开TXT文件，将激活“sysexplr.exe”，它再次生成“Kernel32.exe”。清除“冰河”木马的操作为：

（1）删除“C:\Windows\system”目录中的“Kernel32.exe”和“sysexplr.exe”文件。

（2）删除“HKEY_LOCAL_MACHINE\Software\Microsoft\Windows\CurrentVersion\Run”目录中键值为“C:\Windows\System\Kernel32.exe”的项。

（3）删除“HKEY_LOCAL_MACHINE\Software\Microsoft\Windows\CurrentVersion\Runservices”目录中键值为“C:\Windows\System\Kernel32.exe”的项。

（4）将注册表“HKEY_CLASSES_ROOT\txtfile\shell\open\command”中的默认值由中木马后的“C:\windows\system\sysexplor.exe %1”改为“C:\windows\notepad.exe %1”，恢复“TXT”文件关联功能。

常见问题及解决策略

1. 使用通用木马查杀软件清除不掉木马

有许多种木马很难使用通用木马查杀软件清除干净，若遇到这种情况有3种解决方法：

一是使用针对该木马的专杀工具，二是手工清除木马，三是格式化硬盘重新安装系统。若是知道自己的计算机被植入了何种木马，上网寻找该木马的专杀工具查杀木马是最佳选择，在一些杀毒软件厂商的官网上提供有特殊木马的专杀工具。手工清除木马需要了解木马的隐身位置、捆绑手段等，否则也很难全部彻底清除木马。在无计可施的情况下，只有格式化硬盘、重装系统，此举清除了计算机保存的所有信息，当然也包括其中的木马。

2．计算机提示U盘有木马，选择清除后造成文件丢失

当系统提示你使用的U盘被植入了木马时（查杀软件误报除外），应谨慎对待，不能一删了之。首先应该判断感染了什么木马，若木马捆绑或附着在有用的文件上，应断开网络连接、备份重要文件，然后选择清除木马。因为查杀木马可能删除使用中的重要文件，所以查杀工具通常先将清除的对象放置在隔离区，使其不能激活危害系统。在确定文件不能随木马一起删除时，可从隔离区恢复文件，恢复的内容当然也会包含删除的木马。

项目小结

计算机病毒，是指编制或者在计算机程序中插入的破坏计算机功能或者毁坏数据，影响计算机使用，并能自我复制的一组计算机指令或者程序代码。计算机病毒的本质特征是主动传染性，这一特征使计算机病毒的危害范围和危害性成倍增加。计算机感染病毒后，会有许多异常表现，用户只要留心是能够发现问题并最终查出计算机病毒的。

防范计算机网络病毒，是指通过建立合理的计算机病毒防范体系和制度，及时发现计算机病毒侵入，并采取有效的手段阻止计算机病毒的传播和破坏，尽快恢复受影响的计算机系统和数据信息。防范计算机网络病毒可以从两方面入手：一是依靠管理上的措施，及早发现病毒，捕捉、清除计算机病毒，修复系统；二是选用功能完善、具有超前防御能力的反病毒软件，尽可能多地堵住被计算机病毒利用的系统漏洞。

目前，国内用户使用的主流反病毒软件有瑞星、金山等多个品牌。它们各有所长，而且都有自己特殊的技术作为产品支持，基本能够满足用户的应用需求。在条件允许或重要环境中，应准备多种反病毒软件，交叉查杀病毒，确保查杀操作的可靠性。熟练掌握反病毒软件的设置对用户高效查杀病毒会有极大的帮助作用。

计算机木马是一种危害极大的不良软件，它可以伪装自身并通过各种途径进入用户计算机系统，在取得用户计算机的控制权后，可以窃取用户的各种账户信息甚至破坏用户的计算机系统。

掌握计算机木马的工作原理，在此基础上清除计算机木马，并做好各项预防计算机木马危害的工作，对保护用户计算机系统安全、降低木马造成的危害都具有积极作用。

项目考核

学习任务完成后，可以进行自评、互评和教师点评，形成个人和学习小组任务完成情况总体评价。合作学习评价的内容和要求参见项目 1，知识、技能评价的内容和要求如下。

（1）对计算机病毒危害的认识。

要求了解计算机病毒的发展史和工作机制，并能够举例说明计算机病毒的危害性。

（2）使用杀毒软件查杀病毒。

能够正确设置杀毒软件，并能熟练使用两种以上的杀毒软件查杀计算机病毒。

（3）防范病毒入侵。

了解管理和技术防范病毒入侵的各项措施，并能清楚说明个人计算机需要采取的防毒措施。

（4）对木马概念的理解。

了解木马的基本组成和隐藏、传播方法，并能举例说明当前危害最严重的木马类型。

（5）会使用专门工具清除木马。

能够熟练使用 360 等工具查杀计算机中的木马。

（6）能够有效防范木马入侵自己的计算机。

了解防范木马入侵的基本措施，会设置瑞星防火墙，会修复系统漏洞，能够制订全面的防范木马工作方案。

项目习题

1．单项选择题

（1）网络病毒与生物病毒最重要区别是（　　）。

A．生物病毒破坏性大

B．网络病毒没有传染性

C．网络病毒是人为编制的，有触发条件

D．网络病毒比生物病毒更难控制

（2）使用防病毒软件时，要求用户经常升级，这样做的目的是（　　）。

A．因为程序中有错误，所以要升级

B．由于新的病毒不断出现，因此需要及时更新病毒的特征代码库

C．为了对付最新的病毒，因此需要下载最新的程序

D．以上说法都不对

（3）网络病毒的本质特征是（　　）。

A．危害性　B．顽固性　C．传染性　D．程序性

（4）关于反病毒软件产品描述不正确的是（　　）。

A．一种反病毒软件产品不可能清除所有病毒

B．反病毒软件产品滞后于病毒

C．利用反病毒软件产品不能准确检查未知病毒

D．国产反病毒软件产品不如国外同类产品好

（5）建立木马连接的硬件实体不包括（　　）。

A．控制端　B．服务端　C．网络　D．程序

（6）木马的伪装方式不包括（　　）。

A．修改图标　B．捆绑文件　C．出错显示　D．系统激活

2．多项选择题

（1）网络病毒的特征有（　　）。

A．隐蔽性　B．传染性　C．破坏性　D．衍生性

（2）网络病毒的危害有（　　）。

A．占用和消耗内存空间，占用 CPU 时间

B．使系统操作和运行速度下降

C．改动系统配置

D．攻击邮件、阻塞网络

（3）为了有效阻止病毒的危害，用户应（　　）。

A．准备多种防毒、杀毒、解毒软件

B．使用多品牌反病毒软件交叉查杀病毒

C．及时丌级反病毒软件

D．建立安全应用制度

（4）完整的木马系统软件部分包括（　　）。

A．控制端程序　B．服务端程序　C．配置程序　D．以上都是

（5）木马获取的系统权限主要包括（　　）。

A．文件操作权限　B．修改注册表

C．修改启动项　D．系统操作

3．判断题

（1）隐蔽性是网络病毒的特征之一。（　　）

（2）只要安装了防病毒软件，就能保证计算机的安全。（　　）

（3）电子邮件病毒只能通过邮件中的附件进行传播。（　　）

（4）网络病毒只能存在于可执行文件，不能存在于文档文件中。（ ）
（5）安装病毒防火墙可以杜绝网络病毒入侵。（ ）
（6）使用多个反病毒软件交叉反杀病毒可以保证计算机不感染病毒。（ ）
（7）木马的服务端程序是安装在黑客使用的计算机中。（ ）
（8）木马控制不需要网络连接。（ ）
（9）木马有时可以关闭杀毒软件。（ ）

4．简答题

（1）网络病毒有哪些基本特征？
（2）网络病毒的破坏行为有哪些？
（3）简述单机、网络预防病毒的措施。
（4）如何选择杀毒软件？
（5）如何构建立体防病毒体系？
（6）网络环境防毒和单机防毒有什么不同？
（7）简述计算机木马的组成。
（8）简述计算机木马的工作步骤。

5．实训题

（1）下载瑞星杀毒软件并安装。
（2）使用瑞星杀毒软件进行病毒查杀。
（3）使用 360 安全卫士查杀自己计算机中的木马。
（4）使用 360 安全卫士为系统打补丁。
（5）设置 360 安全卫士的安全防护功能。

项目 9

网络服务安全

计算机网络的普及应用极大地促进了社会信息化进程，也逐渐形成了传统服务网络化的新型服务模式，这一改变提升了人们生活、工作的便捷性，目前网上办公、网上银行、网上购物等正成为新的社会时尚。但是，接连不断出现的网络服务安全事件，也同时引起了人们对网络服务安全性的高度关注，如何保证网络服务安全自然成了热门话题。可以认为，与网络应用服务有关的所有内容，都会影响服务中的安全性，其涉及面广且层次较多，因此，这里只从提供网络服务的角度入手，介绍最常用的几种网络服务的安全性问题。

项目目标

（1）了解 Web 安全应用，学会在配置 Web 时考虑安全问题，培养安全使用 Web 的意识。

（2）了解 E-mail 的安全问题，提高安全使用电子邮件的能力。

（3）了解 DNS 安全应用，学会在配置 DNS 时考虑安全问题，强化保护 DNS 安全的意识。

（4）了解 FTP 的安全问题，提升安全应用 FTP 的能力。

（5）了解网络安全的重要性，深刻理解“没有网络安全就没有国家安全”。

任务 9.1　了解 Web 安全配置

有关数据显示，在所有与黑客攻击有关的活动中，90%以上涉及数据泄露的事件均是黑客利用网络应用层的漏洞所导致的。因此，网络应用安全已经不再是信息安全领域的局部问题，目前已演变成为影响网络安全的主要问题，需要所有人给予更多的关注。Web 服务是人们在互联网上应用最多的一种服务，其安全性自然不容小觑。

案例 17：医院服务器入侵案

2021 年莲湖区某医院负责人报案称，该院网络系统持续出现故障，导医台、诊室系统等网络设备无法正常联网，医院诊疗秩序受到破坏。经院方网络工程师初步排查，医院网络系统重要文件疑似被人为更改，诊疗系统全面瘫痪。

莲湖公安分局网络安全保卫大队接到报警后，迅速联合属地红庙坡派出所成立专案组进行案件侦破，第一时间对受破坏网络系统开展电子证据数据侦查、取证工作，共收集攻击日志近 10 万条，提取电子证据 1.2TB。

经过连续月余技术攻关，分析海量服务器数据后，警方发现多条可疑 IP 地址先后十余次非法登录该院计算机系统，并更改、删除、重置重要文件的记录。通过进一步侦查，最终锁定该院前系统管理员白某某具有重大作案嫌疑。

经审查，犯罪嫌疑人白某某系该院前网络系统管理员，因对院方不满萌生报复心理，遂利用自学的网络知识，非法入侵医院内网服务器，远程进行破坏性操作。

任务活动

1．教师展示案例，讲解案例涉及的专业术语和知识

（1）讲解安全漏洞、拒绝服务攻击、电子证据等知识点。

（2）讲解 Web 服务的基本工作原理。

（3）讲解 Web 服务中存在的安全性问题。

2．收集与 Web 有关的攻击案例

学生自主分组并充分利用网络资源进行案例收集，小组活动结束后应形成以下成果。

（1）收集若干个与 Web 有关的攻击案例。

（2）撰写一份简单的攻击案例分析报告。

（3）简述一段简短的小组活动总结。

3．与 Web 有关的攻击案例讨论

根据对教材展示案例和自己收集案例的讨论结果，分组发言表达各组对 Web 服务安全性的看法，最终形成对保护 Web 安全较为统一的认识。讨论可以围绕以下问题展开。

（1）对 Web 实施攻击的目的何在？

（2）攻击行为对网络应用产生何种影响？

（3）Web 服务为什么易遭受攻击？

任务操作

配置 IIS Web 时充分考虑应用的安全性，在一定程度上可以减少安全事件的发生。配置 IIS Web 服务器（此平台采用 Windows Server 2016 操作系统）的操作过程如下。

（1）单击“开始”菜单进入“服务器管理器”界面，在“服务器管理器”界面的“仪表盘”选区中，选择“2 添加角色和功能”，并单击“下一步”按钮，如图 9-1-1 所示。

图 9-1-1　“添加角色和功能导向”窗口

（2）在“选择服务器角色”界面中，勾选“Web 服务器（IIS）”复选框并单击“下一步”按钮，如图 9-1-2 所示。

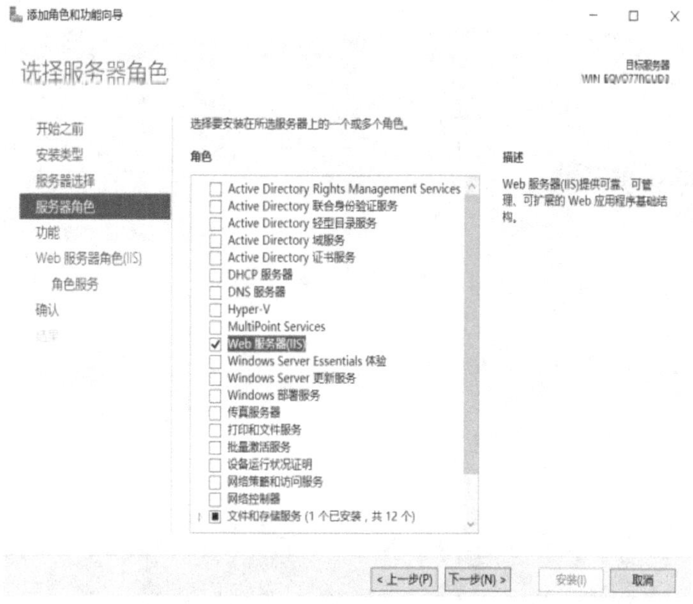

图 9-1-2　选择服务器角色

（3）打开“选择功能”界面，选中默认的选项，单击“下一步”按钮，如图 9-1-3 所示。

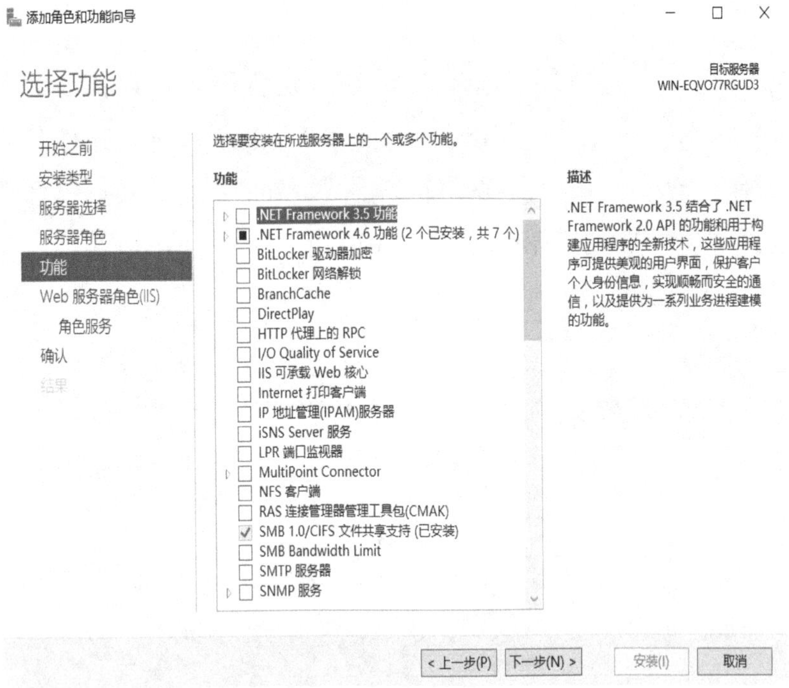

图 9-1-3 “选择功能”界面

（4）打开“选择角色服务”界面，勾选“安全性”“常见 HTTP 功能”“性能”“运行状况和诊断”“FTP 服务器”等复选框，并单击“下一步”按钮，如图 9-1-4 所示。

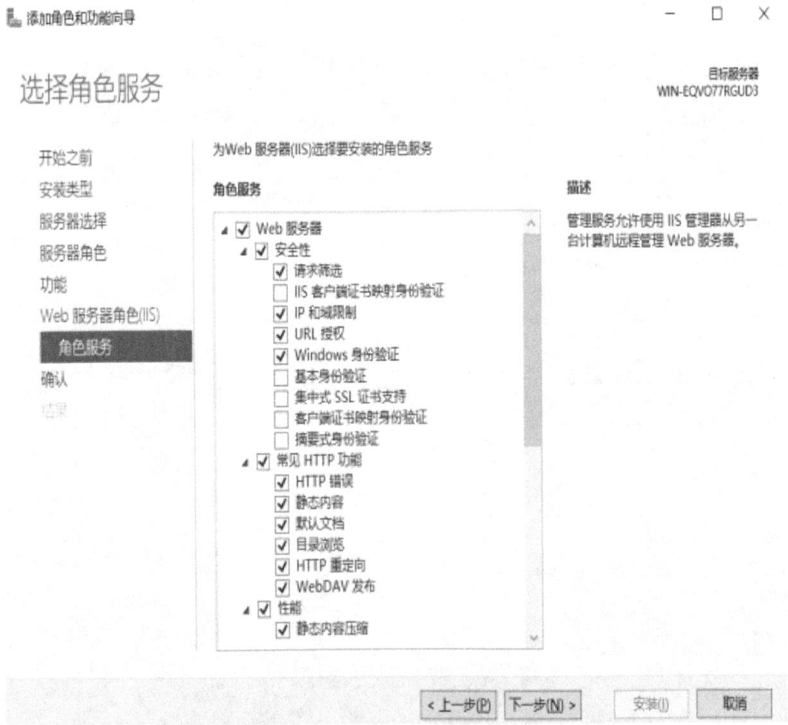

图 9-1-4 “选择角色服务”界面

（5）在“确认安装所选内容”界面，勾选“如果需要，自动重新启动目标服务器”复选框，单击“安装”按钮，并在弹出的“添加角色和功能向导”提示框中单击“是”按钮，开始进行安装，如图 9-1-5 所示。

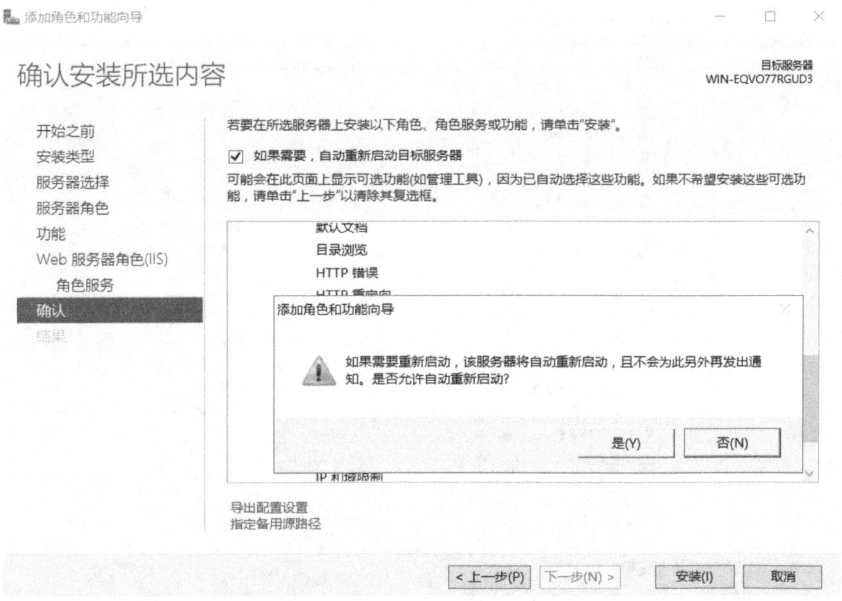

图 9-1-5　“确认安装所选内容”界面

（6）安装成功后，在“安装进度”界面显示安装成功，如图 9-1-6 所示。

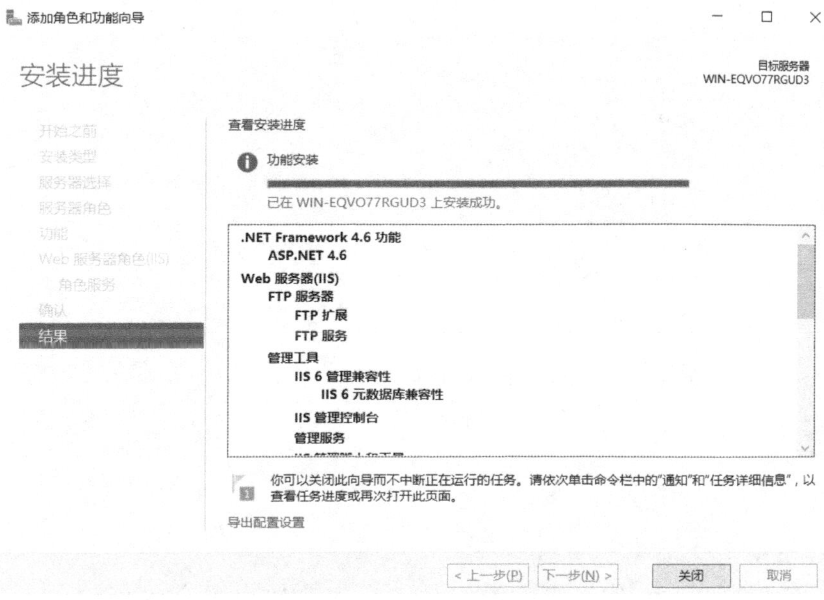

图 9-1-6　“安装进度”界面

（7）单击“控制面板”→“系统和安全”→“管理工具”选项，打开如图 9-1-7 所示的窗口。

（8）双击“Internet Information Services（IIS）管理器”快捷方式，打开“管理器设置”窗口。

（9）在“Internet 信息服务（IIS）管理器”界面，选中“WIN-*********”，鼠标右键

单击，选择“添加网站”选项，打开“添加网站”界面如图 9-1-8 所示。

图 9-1-7　选择“IIS 管理器”界面

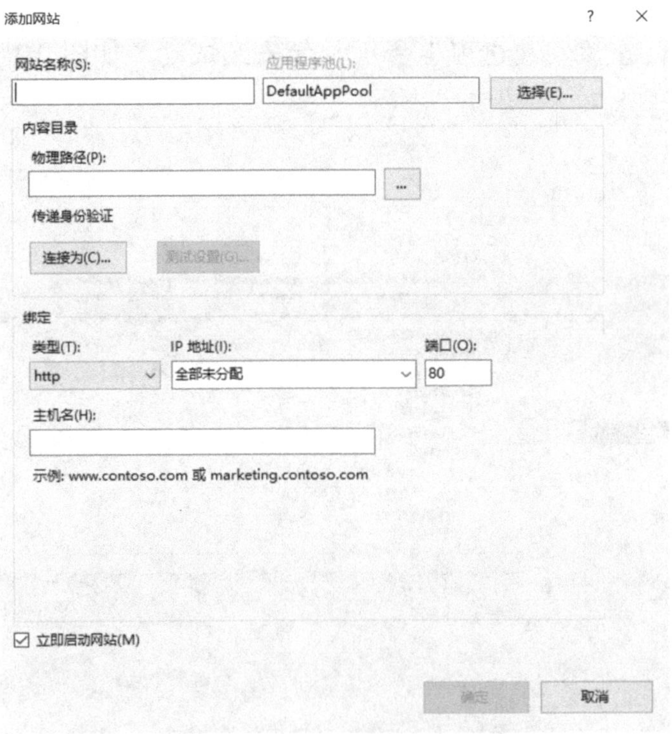

图 9-1-8　“添加网站”界面

（10）在“添加网站”界面的“网站名称”文本框中输入“Test”，在“物理路径”文本选择框中选择网站文件的路径，在“IP 地址”文本选择框中输入本地 IP“192.168.71.138”，在“主机名”文本输入框中输入“www.test.com”，单击“确定”按钮，如图 9-1-9 所示。

（11）单击“网站主页”右侧选项中的“绑定”按钮，打开“网站绑定”对话框，对该网站进行 IP 绑定，如图 9-1-10 所示。

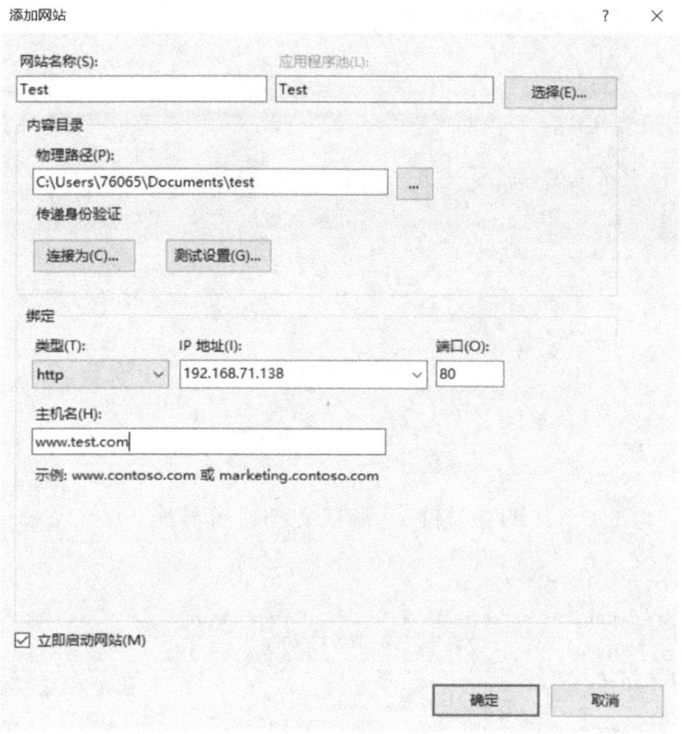

图 9-1-9　站点基本信息界面

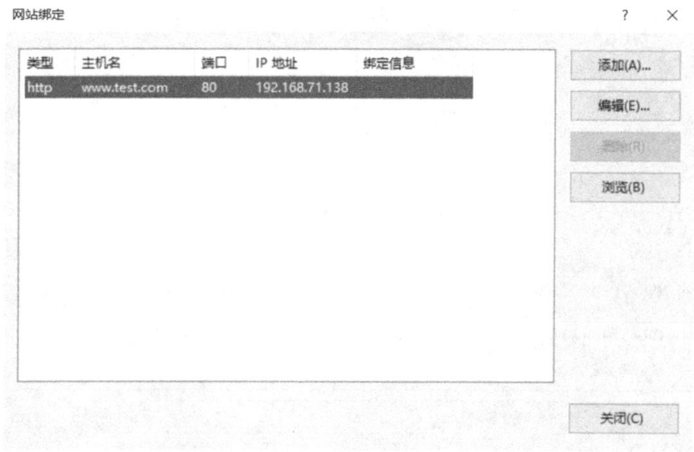

图 9-1-10　“网站绑定”对话框

（12）在“网站主页”中的“IIS”列表中选择“默认文档”，在右侧单击“添加”选项，在文本框中输入“index.html”，并单击“确定”按钮，如图 9-1-11 所示。

（13）为了提高网站的安全性，在“网站主页”中的“IIS”列表中选择“IP 地址和域名限制”，打开“IP 地址和域名限制”界面，如图 9-1-12 所示。

（14）选中右侧“添加允许条目”单选按钮，选中“IP 地址范围”单选按钮，并在文本框中输入“192.168.71.0”，在“掩码或前缀”文本框中输入“255.255.255.0”，如图 9-1-13 所示。

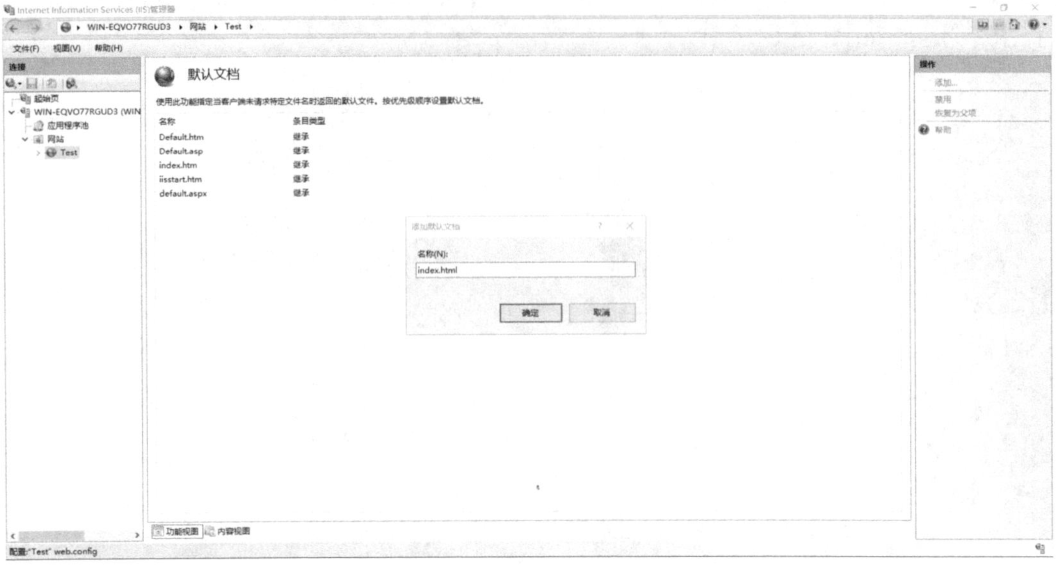

图 9-1-11　默认文档设置界面

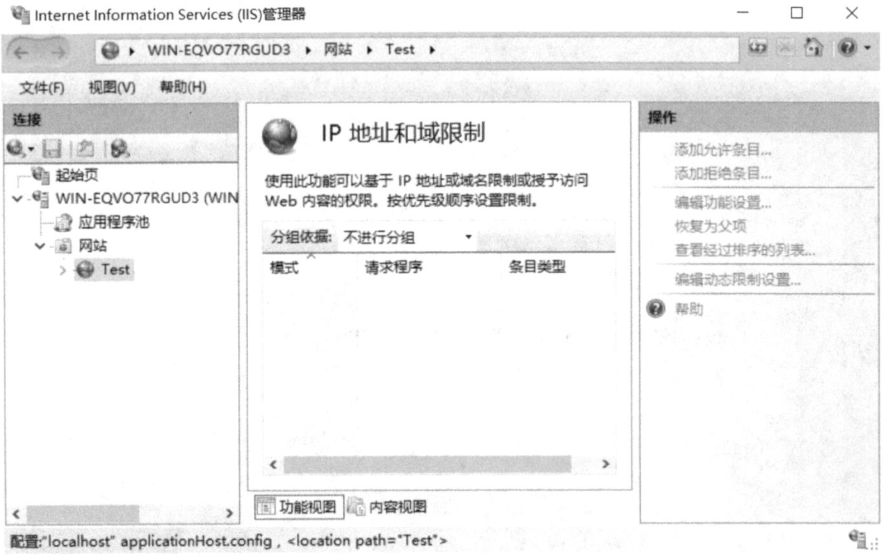

图 9-1-12　“IP 地址和域名限制”界面

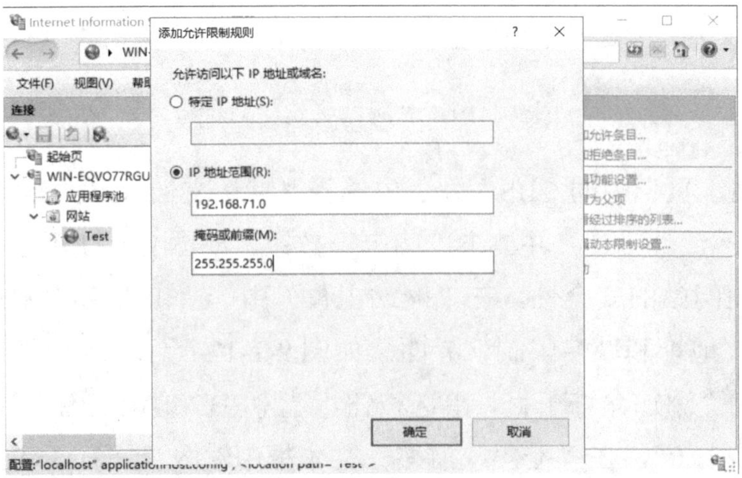

图 9-1-13　“添加允许限制规则”对话框

（15）在局域网或远程计算机上，打开 IE 浏览器，在地址栏中输入 http://192.168.71.138，按【Enter】键，将显示站点网页。

知识链接

1. Web 服务的基本工作原理

Web 服务基于客户机-服务器的工作模式，由 Web 浏览器（客户机）和 Web 服务器（服务器）构成，两者之间采用超文本传送协议（HTTP）进行通信。HTTP 是基于 TCP/IP 协议之上的协议，是 Web 浏览器和 Web 服务器之间的应用层协议。HTTP 的工作过程包括连接、请求、应答、关闭 4 个过程。

连接是指 Web 浏览器与 Web 服务器建立连接，打开一个称为 Socket（套接字）的虚拟文件，建立此文件标志着建立连接成功。

请求是指 Web 浏览器通过 Socket 向 Web 服务器提交请求。HTTP 的请求一般是 GET 或 POST 命令（POST 用于 FORM 参数的传递）。GET 命令的格式为：GET 路径/文件名 HTTP/1.0。文件名指出所访问的文件，HTTP/1.0 指出 Web 浏览器使用的 HTTP 版本。

应答是指 Web 浏览器提交请求后，通过 HTTP 协议传送给 Web 服务器。Web 服务器接到后，进行事务处理，处理结果又通过 HTTP 传回给 Web 浏览器，从而在 Web 浏览器上显示出所请求的页面。假设客户机与 www.mycomputer.com:8080/mydir/index.html 建立了连接，就会发送 GET 命令：GET/mydir/index.html HTTP/1.0。主机名为 www.mycomputer.com 的 Web 服务器从它的文档空间中搜索子目录 mydir 的文件 index.html。如果找到该文件，Web 服务器把该文件内容传送给相应的 Web 浏览器。为了告知 Web 浏览器传送内容的类型，Web 服务器首先传送一些 HTTP 头信息，然后传送具体内容（HTTP 体信息），HTTP 头信息和 HTTP 体信息之间用一个空行分开。

关闭连接是指当应答结束后，Web 浏览器与 Web 服务器必须断开，以保证其他 Web 浏览器能够与 Web 服务器建立连接。

2. Web 服务存在的安全问题

Web 服务存在的安全问题不是孤立和单一的问题，是涉及设备、环境和应用等多方面的综合性问题，可以概括为以下几个方面。

（1）服务器及网络环境的安全。

服务器和网络硬件环境存在基础性安全问题，将预示着整个应用服务存在缺陷，可能由此导致严重的安全问题。基础性安全问题包括服务器系统存在漏洞、系统权限管理不当、网络环境存在缺陷和网络端口管理不当等。

（2）Web 服务器应用安全。

应用中 IIS 或 Apache 等的配置、权限等管理不当，可能直接影响访问网站的效率、结果，甚至引起安全问题。

（3）网站应用程序安全。

若应用程序本身存在漏洞，或程序的应用权限审核存在问题，也可能导致 Web 服务安全存在重大问题。

（4）Web Server 周边应用的安全。

一台 Web 服务器通常不是独立存在的，其他的应用服务器缺陷也会影响到 Web 服务器的安全性。

任务拓展：电子邮件加密传输

电子邮件传输过程中存在被截收的安全风险，对于重要的电子邮件应考虑加密传输，使用 PGP 加密传输电子邮件的操作过程如下。

1．安装 PGP

运行安装文件，系统自动进入安装向导，主要安装过程如下。

（1）双击“PGP Desktop Win64-10.0.3”文件，打开安装向导，在“License Agreement”选择对话框，选中“I accept license agreement”单选按钮，如图 9-1-14 所示。

（2）单击“Next”按钮，查看安装信息。

（3）单击“Next”按钮，系统自动复制文件，如图 9-1-15 所示。

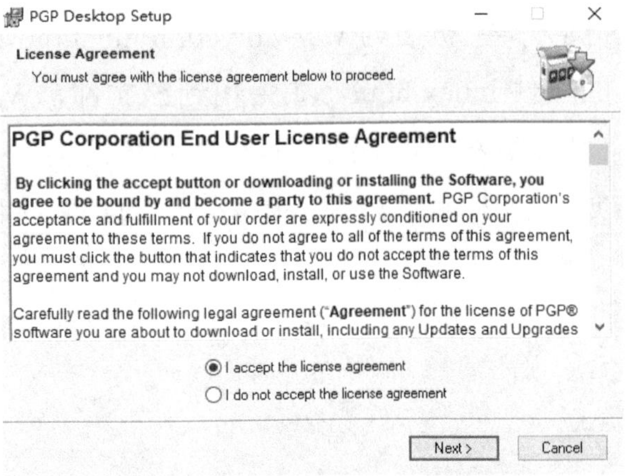

图 9-1-14　选择接受许可证协议

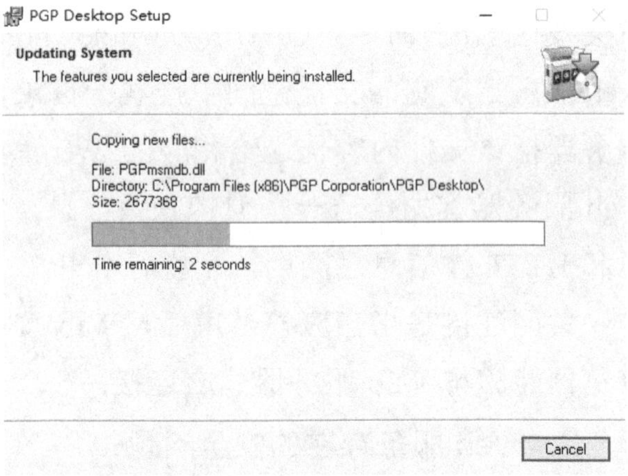

图 9-1-15　系统自动复制文件

（4）单击“下一步”按钮，按照向导要求填写注册码及相关信息，直至完成设置。注册信息输入对话框如图 9-1-16 所示。

2．新建用户密钥

使用“PGP 密钥生成助手”生成用户密钥，需要打开“PGP Desktop”界面，具体操作过程如下。

（1）选择“File”菜单项中的“New PGP Key”，打开 PGP 密钥生成助手，如图 9-1-17 所示。

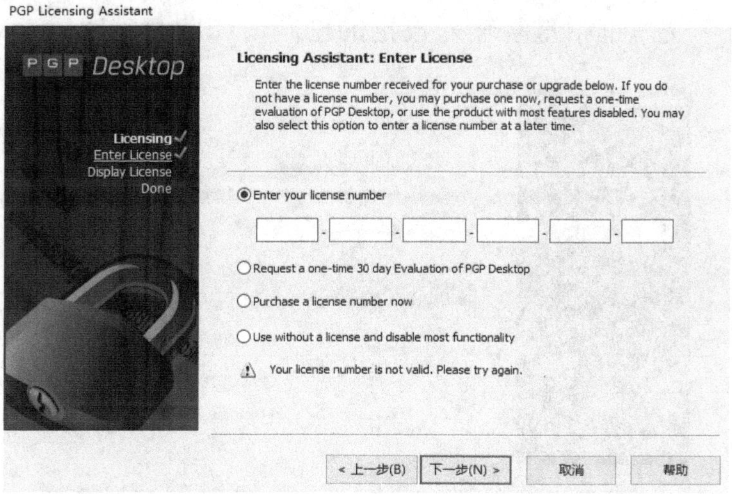

图 9-1-16 输入注册信息

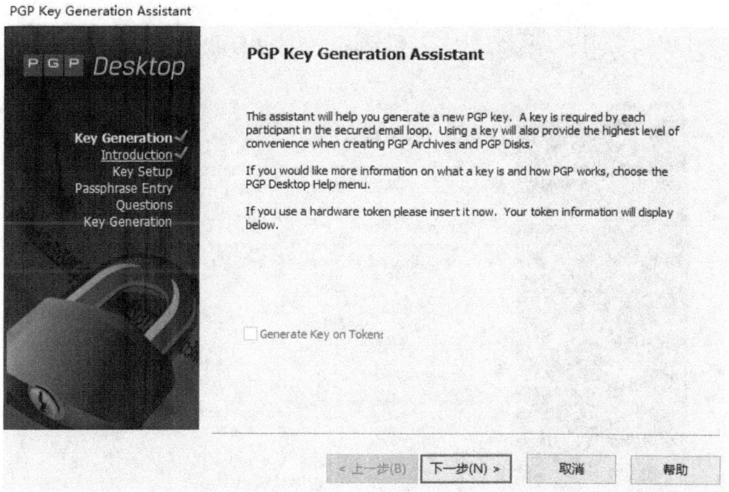

图 9-1-17 PGP 密钥生成助手

（2）单击“下一步”按钮，输入用户名和邮箱地址，如图 9-1-18 所示。

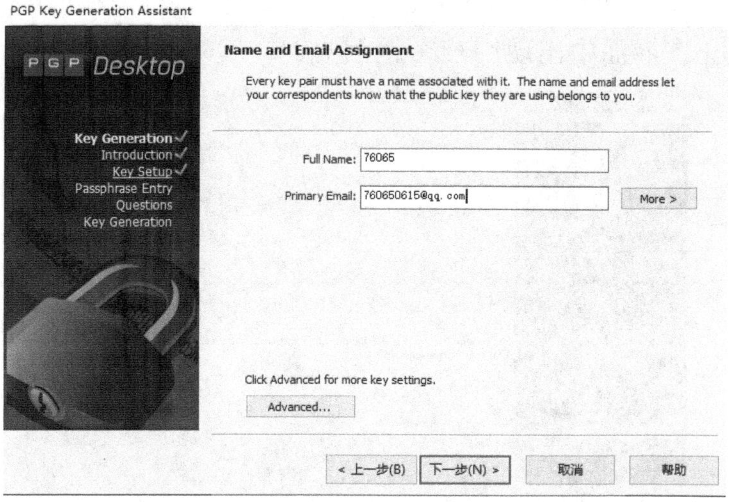

图 9-1-18 输入用户名和邮箱地址界面

（3）单击“下一步”按钮，在“Enter Passphrase”文本框中输入自己设定的密码，在

“Re-enter Passphrase”文本框中重复输入设定的密码，如图 9-1-19 所示。

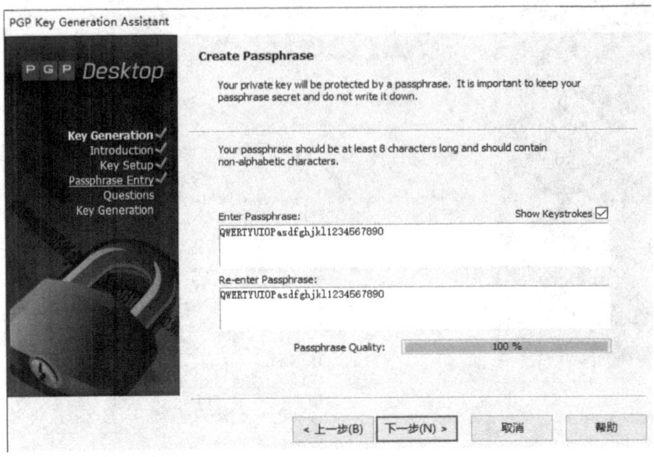

图 9-1-19　创建口令

（4）单击“下一步”按钮，系统生成密钥，如图 9-1-20 所示。

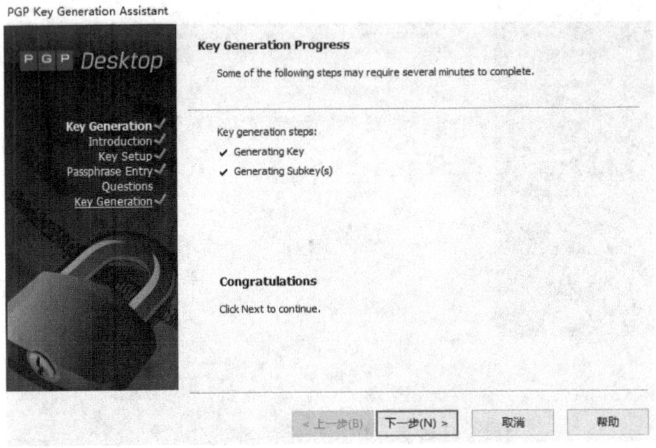

图 9-1-20　生成密钥

（5）单击“下一步”按钮，完成密钥生成确认，如图 9-1-21 所示。完成用户密钥生成后，在“PGP Desktop”界面中出现用户密钥信息。

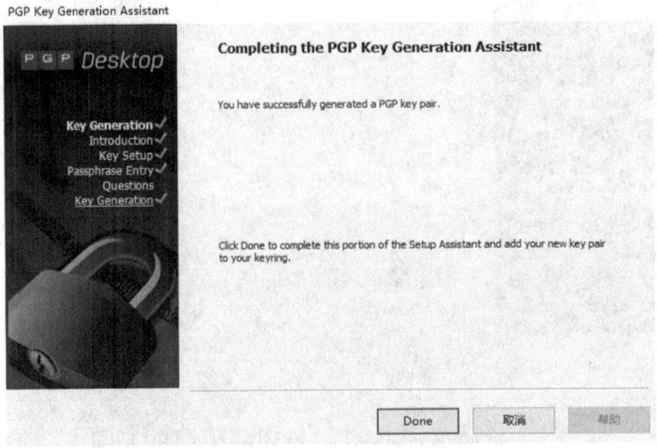

图 9-1-21　完成密钥生成确认

3. 使用 PGP 实现邮件加密传输

当发送和接收邮件双方都拥有 PGP 密钥后，可以相互进行邮件加密传输，具体操作如下。

（1）打开发送邮件信箱，撰写邮件，如图 9-1-22 所示。

图 9-1-22　撰写电子邮件

（2）打开“PGP Desktop”软件，打开“PGP Desktop”菜单，如图 9-1-23 所示。

（3）复制邮件文本，选择“Clipboard”子菜单中的“Encrypt”选项，打开“PGP Desktop-Key Selection Dialog”，选中“Drag user from this list to the Recipients list”对应私钥项，并拖曳到“Recipients”列表下，单击“OK”按钮，如图 9-1-24 所示。

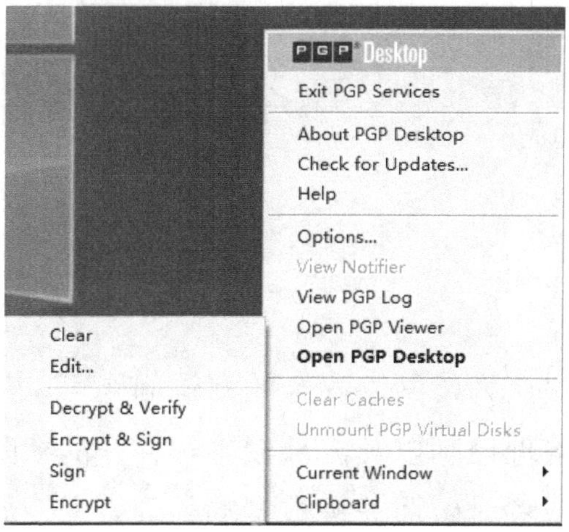

图 9-1-23　“PGP Desktop”菜单命令

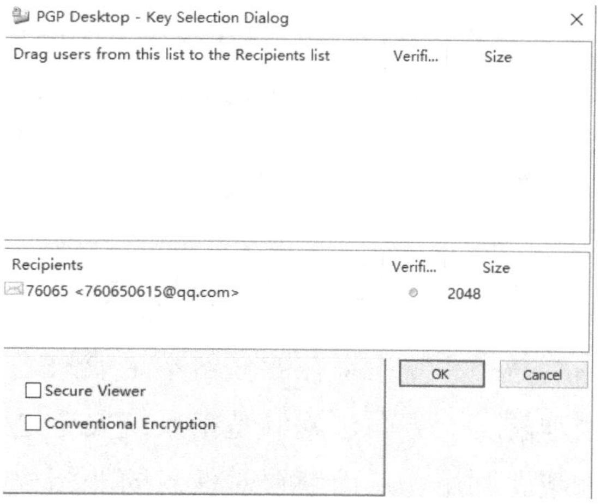

图 9-1-24　PGP Desktop-密钥选择界面

（4）邮件内容已经被加密并保存到剪贴板，直接粘贴到邮件的正文文本编辑框内，如

图 9-1-25 所示。

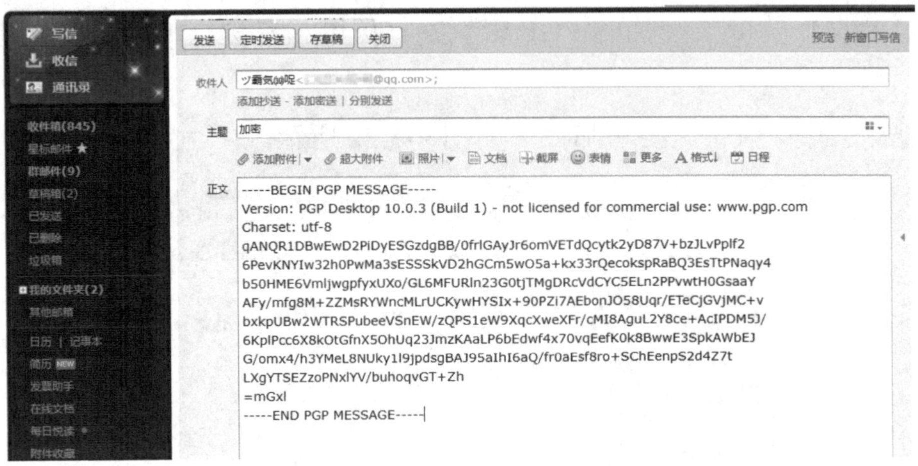

图 9-1-25　加密后的邮件

（5）单击“发送”按钮，发送电子邮件。

（6）收件方收到邮件后，打开“PGP Desktop”软件，打开“PGP Desktop”菜单，单击“Clipboard”子菜单中的“Decrypt & Verity”选项，打开“PGP Desktop-Enter Passphrase”对话框，在“Enter passphrase for above key”文本框中输入用户密钥，如图 9-1-26 所示。

（7）单击“OK”按钮即可解密邮件内容，如图 9-1-27 所示。

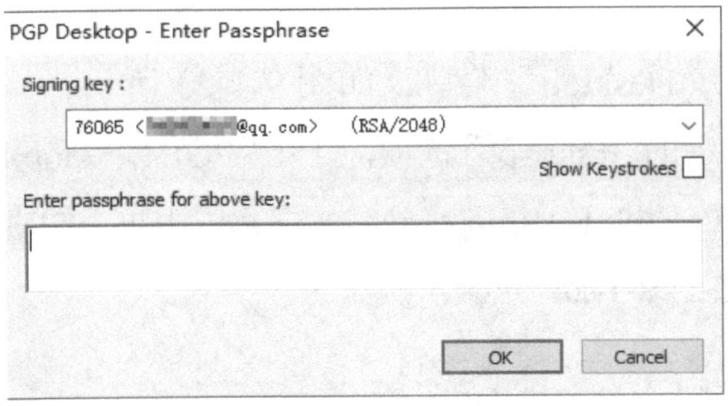

图 9-1-26　“PGP Desktop-Enter Passphrase”对话框

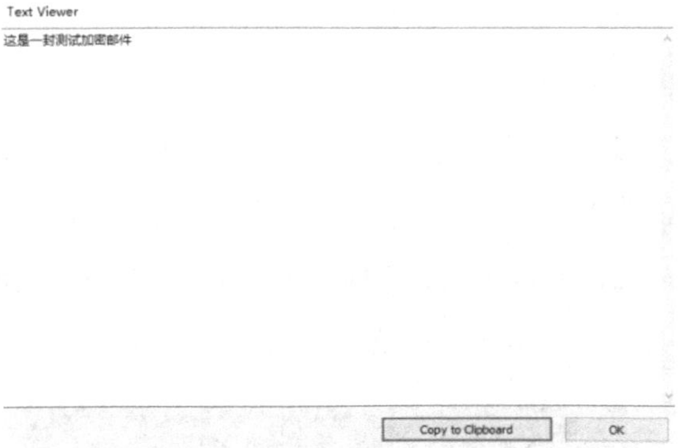

图 9-1-27　显示解密的邮件内容

常见问题及解决策略

1. 经常修补漏洞，还是受到了攻击危害

漏洞是指系统中存在的任何不足或缺陷。一般认为，网络安全的漏洞问题可以从两个方面来理解。一方面，漏洞是指系统安全过程、管理控制以及内部控制等存在的缺陷，它能够被威胁利用，从而获得对信息的非授权访问或者对破坏关键数据的处理。另一方面，漏洞是指在物理层、组织、程序、人员、软件或硬件方面的缺陷，它能够被利用而导致对自动数据处理系统或行为的损害。可以看出，漏洞除了系统本身固有的缺陷，还应包含用户的不当配置、管理或制度上的风险或其他非技术因素造成的不足或错误。概括起来，漏

洞是在硬件、软件、协议的具体实现或系统安全策略上存在的缺陷，从而使攻击者能够在未授权的情况下访问或破坏系统。

修补漏洞通常是弥补软件系统的缺陷，所以，所谓的修补漏洞也只是解决了一部分的安全缺陷，当然不能解决所有的安全攻击问题。

2. 密码攻击就是将加密内容还原成原文

将密码攻击理解成还原密文太过狭隘，随着技术的不断进步，有些加密是不可逆的，根本没有办法还原。那是不是就没有办法利用密码进行攻击呢，当然不是。密码是一道阻止非法进入系统的屏障，只要能获取系统认可的密码，就可以顺利进入系统，所以就出现了记录敲击键盘密码的钩子程序，也有直接获取加密后的密文并交由系统验证从而进入系统的案例。

任务 9.2　了解 DNS 安全配置

域名解析系统（Domain Name System，DNS）的主要作用是建立域名和 IP 地址的对应关系，满足用户使用域名上网的要求。域名解析系统的复杂性和网络服务的基础性，使其安全问题成为业界普遍关注的问题，加之频发的 DNS 劫持事件，更加剧了人们对其安全性的担忧。

案例 18：DNS 大面积故障致网络瘫痪

2014 年 1 月 21 日，全国网络出现大面积瘫痪，多数网络用户不能正常访问网络，事后查明，是国内大范围的 DNS 服务故障造成的网络瘫痪。事实上 DNS 攻击每天都在网络中发生，而且已经有黑客通过篡改路由器 DNS 设置，劫持各大知名网站插入广告和欺诈信息，甚至把网站替换为假冒的钓鱼页面，套取受害者的账号密码的情况发生。

有专家指出：“全国大范围的 DNS 故障只是偶发事件，对网民来说，更常见的风险是路由器 DNS 设置被黑客篡改，受害者访问的所有网址都要通过黑客的 DNS 域名解析，这时黑客有可能会针对网银等重要网站进行钓鱼窃取密码”。相关报告显示，国内市场上超过 30%的路由器存在弱密码漏洞，如果计算机没有专业安全软件保护，一旦浏览恶意网页，路由器 DNS 就会被网页攻击代码偷偷篡改，且受害用户难以察觉。据相关安全机构检测，DNS 曾被黑客篡改的网民比例达到 4.7%。

任务活动

1. 教师展示案例，讲解案例涉及的专业术语和知识

（1）讲解 DNS、DNS 结构和解析知识点。

（2）讲解 DNS 存在的安全问题。

2. DNS 攻击案例收集

学生自主分组并充分利用网络资源进行 DNS 攻击案例收集，小组活动结束后应形成以下成果。

（1）收集到若干个 DNS 攻击的真实案例。

（2）撰写一份简单的案例分析报告。

（3）简述一段简短的小组活动总结。

3. DNS 攻击案例讨论

根据对教材展示案例和自己收集案例的讨论结果，分组发言，说说对 DNS 攻击的看法，并全面了解 DNS 攻击的危害性。讨论可以围绕以下问题展开。

（1）实施 DNS 攻击的目的何在？

（2）DNS 攻击产生的后果有哪些？

（3）常见的 DNS 攻击有哪些？

（4）如何保障 DNS 的安全？

任务操作

利用 IP 地址可以访问网络中的计算机，但是，仅利用 IP 地址访问网络计算机，记忆 IP 地址就可能成为不可逾越的障碍。DNS 服务器提供了主机或域名与 IP 地址相互转换功能，使得利用域名也可以访问网络中的计算机。安全配置 DNS 服务器（服务器平台采用 Windows Server 2016 操作系统）的操作过程如下。

（1）单击“开始”菜单进入“服务器管理器”，在“服务器管理器”中的“仪表盘”，选择“2 添加角色和功能”，并单击“下一步”按钮，打开如图 9-2-1 所示的窗口。

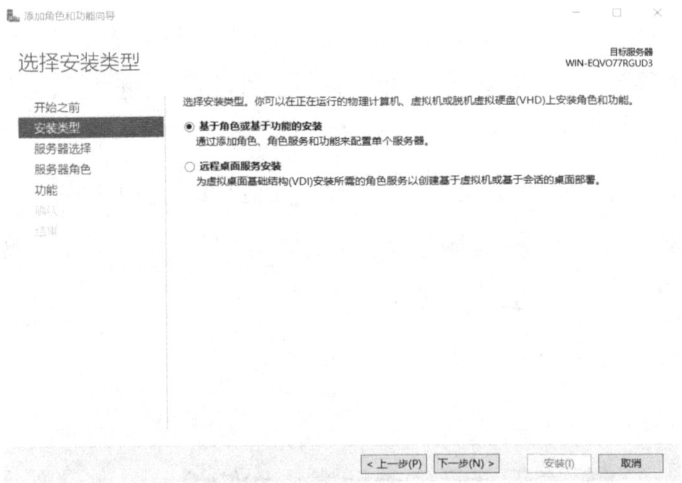

图 9-2-1 “添加角色和功能向导”窗口

（2）在“选择服务器角色”界面中，选中“DNS 服务器”并单击“下一步”按钮，如图 9-2-2 所示。

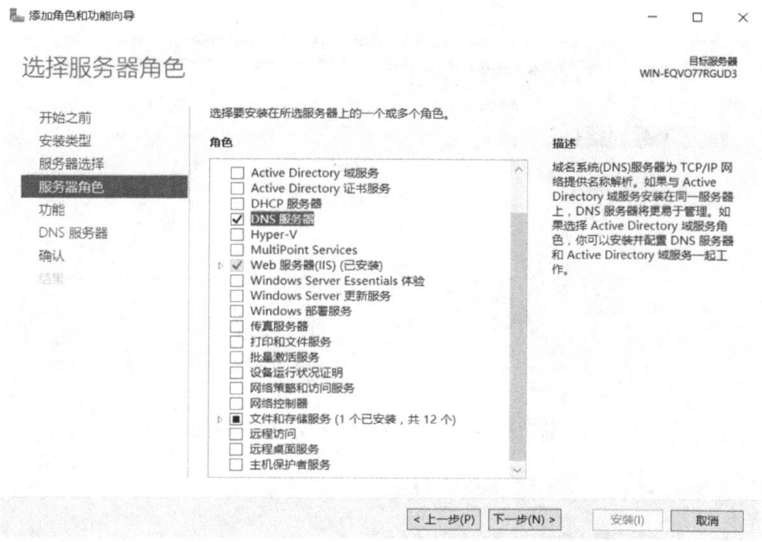

图 9-2-2 “服务器角色”界面

（3）单击“下一步”按钮，进入“确认安装所选内容”界面，单击“安装”按钮，如图 9-2-3 所示。

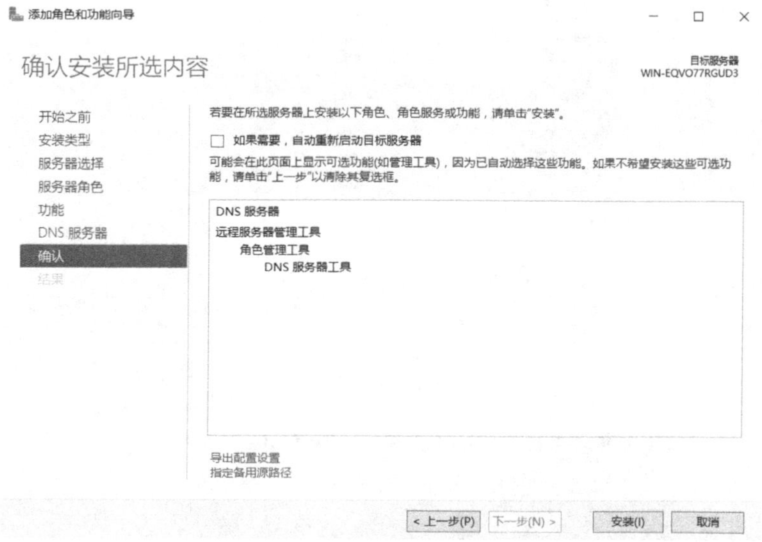

图 9-2-3 “确认”界面

（4）安装成功后，单击“关闭”按钮即可，如图 9-2-4 所示。

（5）单击“控制面板”进入“系统和安全”，进入“管理工具”界面，选择“DNS”，如图 9-2-5 所示。

（6）单击“DNS”进入层序，在“WIN-****”右击选中“新建区域向导”，打开“新建区域向导”界面如图 9-2-6 所示。

（7）单击“下一步”按钮，选中“主要区域”单选按钮，如图 9-2-7 所示。

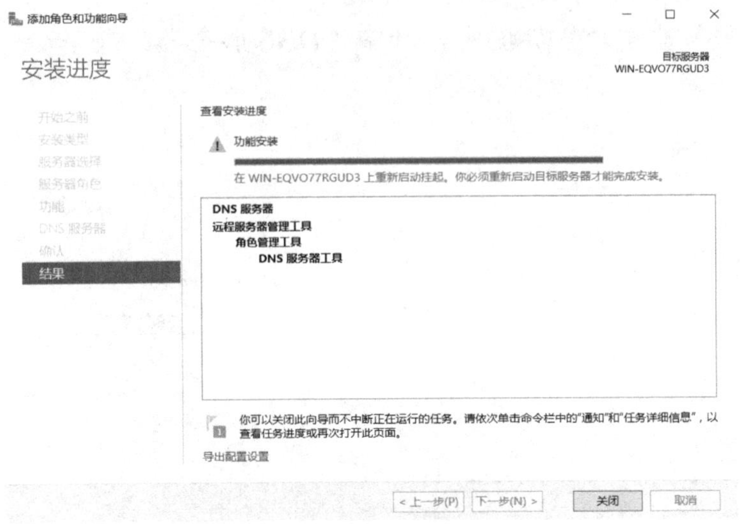

图 9-2-4　“安装成功”界面

图 9-2-5　选择“DNS”

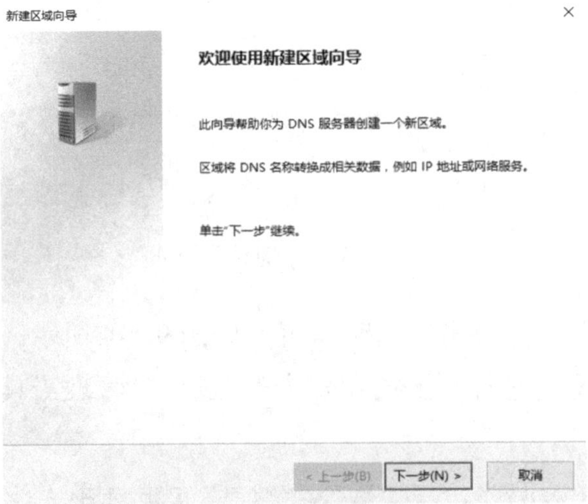

图 9-2-6　“新建区域向导”界面

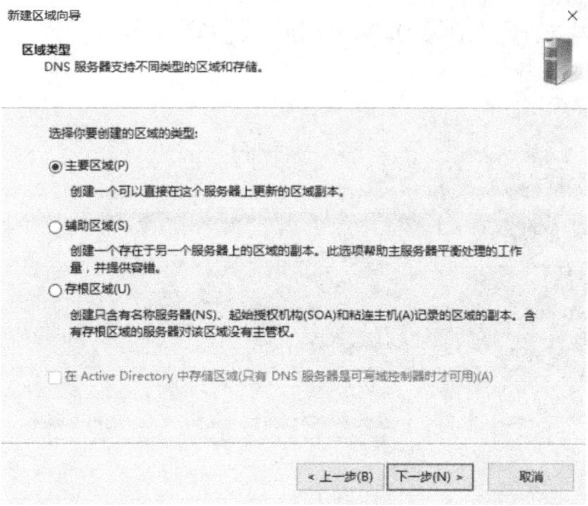

图 9-2-7 选中“主要区域”单选按钮

（8）单击“下一步”按钮，选中“正向查找区域”单选按钮，如图 9-2-8 所示。

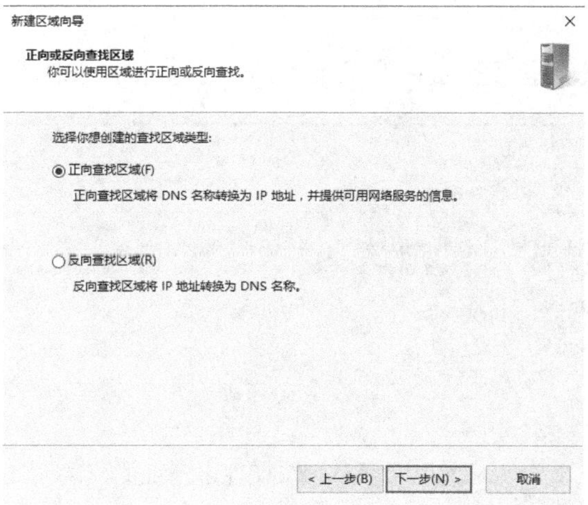

图 9-2-8 选中“正向查找区域”单选按钮

（9）在“区域名称”文本框中输入“test.com”，单击“下一步”按钮，如图 9-2-9 所示。

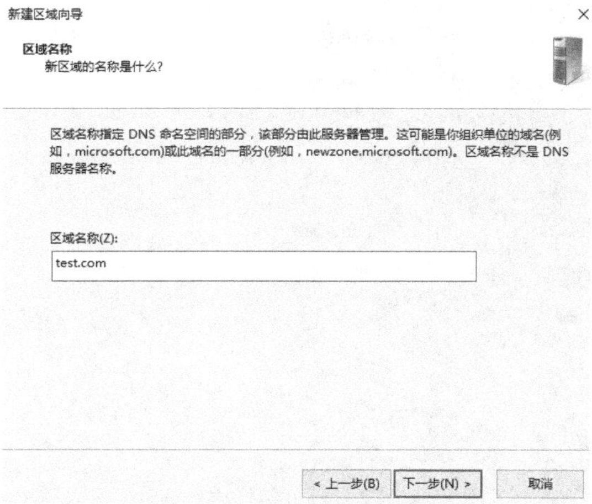

图 9-2-9 “区域名称”界面

（10）选中“不允许动态更新”单选按钮，单击“下一步”按钮，出现“成功地创建了主机记录”的提示信息，并打开如图 9-2-10 所示的界面。

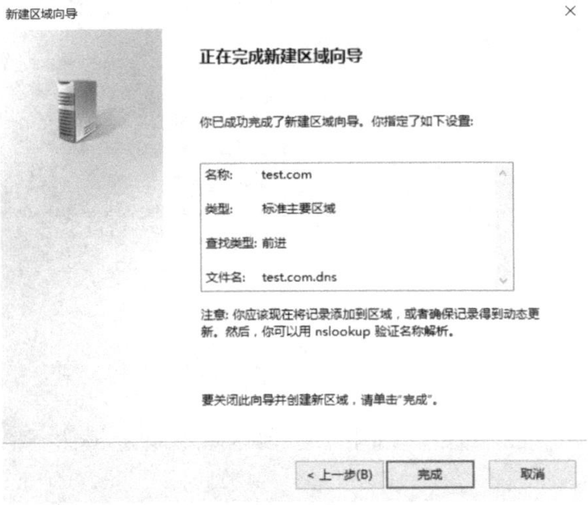

图 9-2-10　“成功地创建了主机记录”提示信息

（11）单击“完成”按钮，完成主机 test.com 的添加，如图 9-2-11 所示。

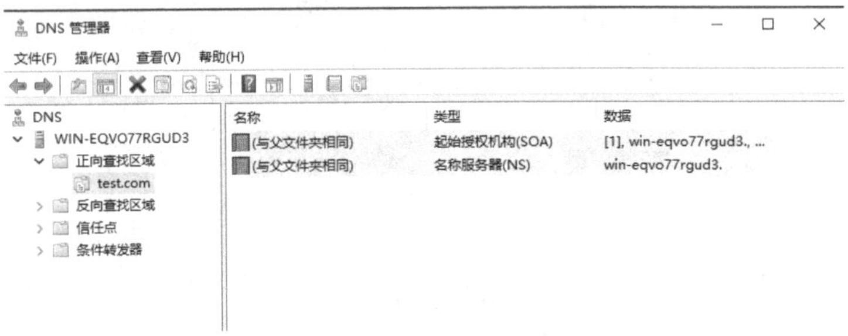

图 9-2-11　添加主机界面

（12）在“DNS 管理器”界面中，右击“反向查找区域”文件夹，在弹出的快捷菜单选择“新建区域”命令，打开“新建区域向导”对话框，如图 9-2-12 所示。

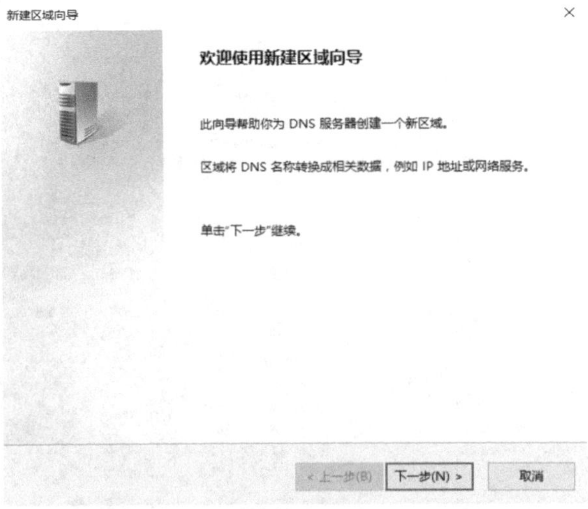

图 9-2-12　“新建区域向导”对话框

（13）单击“下一步”按钮，在“区域类型”界面中，选中“主要区域”单选按钮。在“反向查找区域名称”对话框中，选中“IPv4 反向查找区域”单选钮。

（14）单击“下一步”按钮，打开“反向查找区域名称”对话框，在“网络 ID（E）”文本框中输入“192.168.71”，如图 9-2-13 所示。

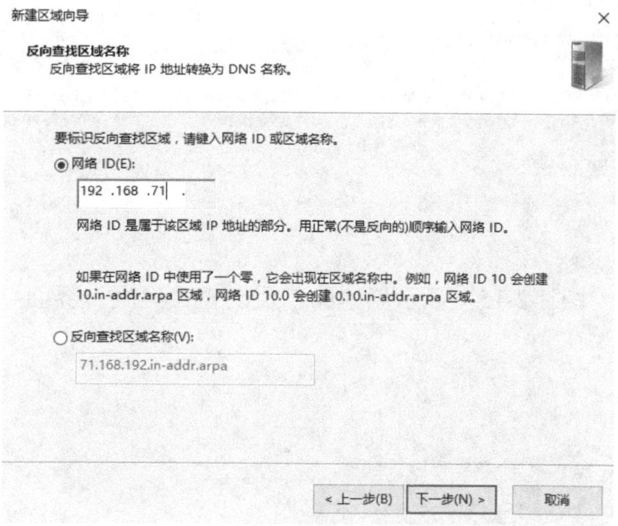

图 9-2-13 “反向查找区域名称” 界面

（15）单击“下一步”按钮，打开“动态更新”界面，选择默认值“不允许安全的动态更新”。

（16）单击“下一步”按钮，打开“正在完成新建区域向导”界面，显示新建区域的详细信息，如图 9-2-14 所示。

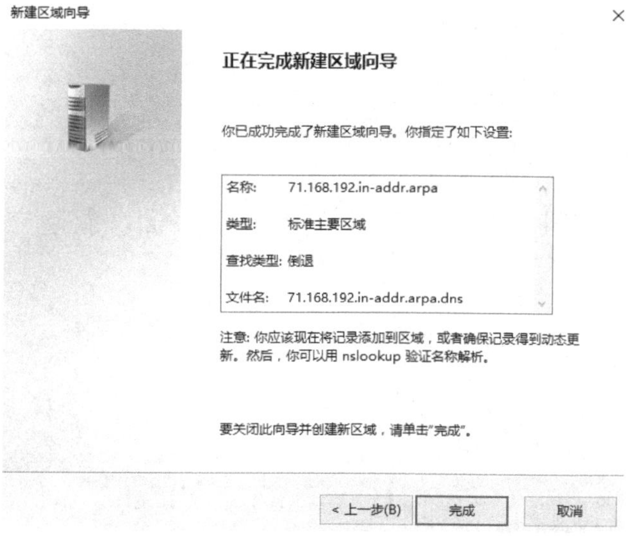

图 9-2-14 “正在完成新建区域向导”界面

（17）单击“完成”按钮，完成创建“反向查找区域”操作。在“DNS 管理器”界面中显示新建的“反向查找区域”，如图 9-2-15 所示。

（18）右击新建立的“192.168.71.in-addr-arpa”文件，在弹出的快捷菜单中选择“新建指针”命令，打开“新建资源记录”对话框。在“主机 IP 地址”文本框中输入 DNS 服务器 IP 地址的最后一组数字“138”，在“主机名”文本框中输入“www.test.com”，如图 9-2-16 所示。

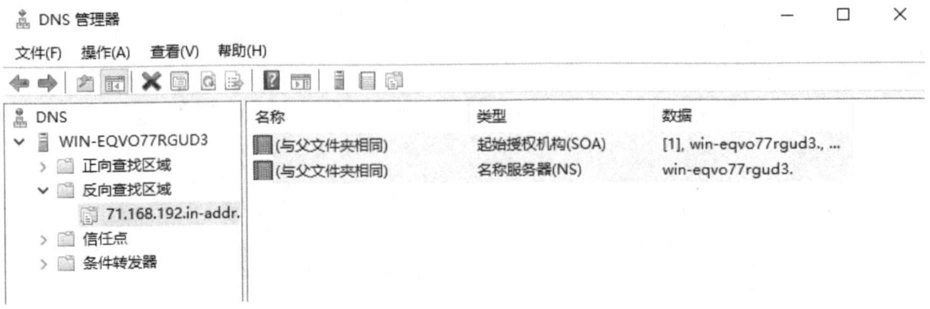

图 9-2-15　显示创建的“反向查找区域”界面

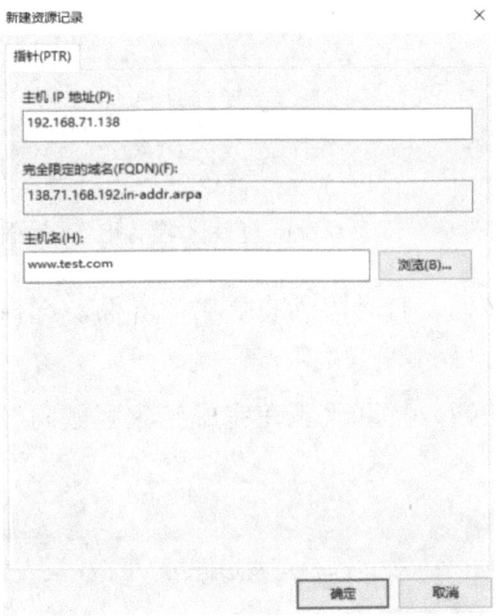

图 9-2-16　“新建资源记录”对话框

（19）单击“确定”按钮，返回“DNS 管理器”界面，新建立的指针显示在界面中，如图 9-2-17 所示。

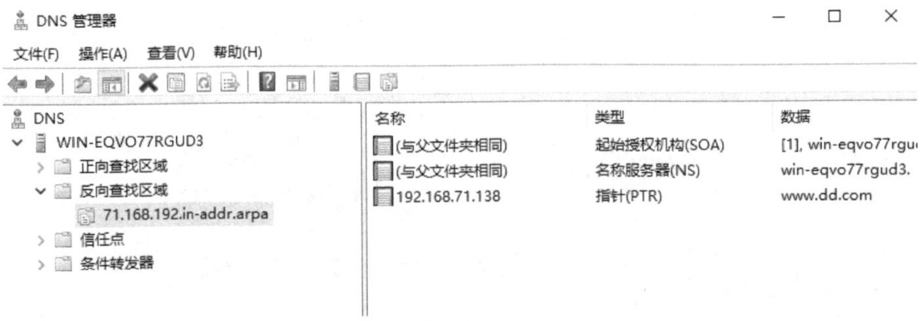

图 9-2-17　显示新建的指针信息

（20）在客户端中，打开命令提示符界面，执行“nslookup”命令，输入要测试的域名

“www.test.com”，按【Enter】键可成功解析服务器的 IP 地址“192.168.71.138”。输入服务器的 IP 地址“192.168.71.138”，可成功解析服务器域名“www.test.com”，测试结果如图 9-2-18 所示。

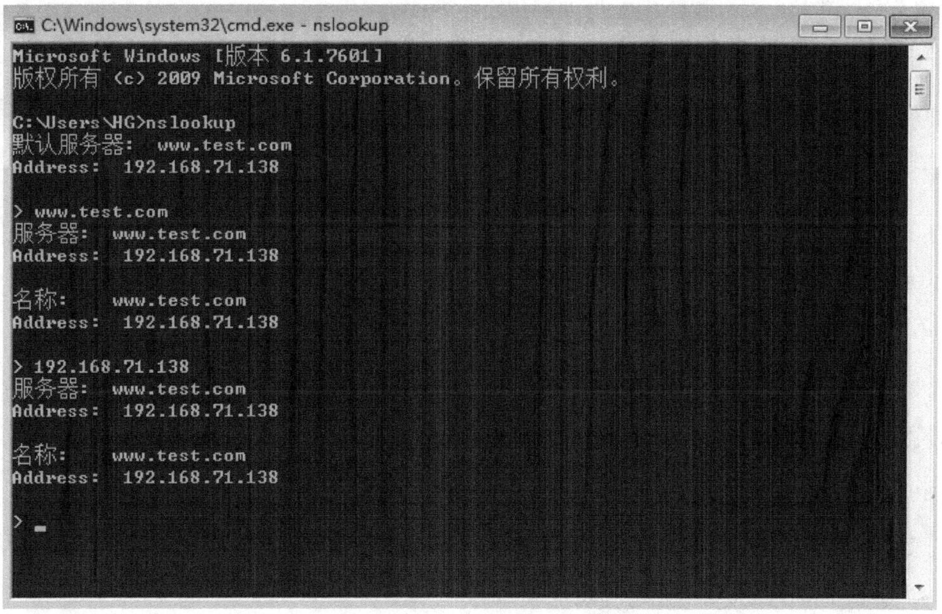

图 9-2-18　测试命令界面

知识链接

1. 域名解析系统

DNS 是一种组织成域层次结构的计算机和网络服务命名系统，提供将域名转换为 IP 地址的一种方法或服务。DNS 基于 UDP 协议，工作在应用层。DNS 采用 C/S 模式，用户只能间接地使用 DNS，客户端由操作系统支持，服务器存储域名与 IP 地址的对照表，负责进行地址解析。

2. 域名解析

域名系统由大量域名服务器构成，域名地址采用分布式数据存储，需要层层解析。负责解析域名的三种服务器分别是本地域名服务器、授权域名服务器和根域名服务器。

（1）客户端查询。

客户端查询包括客户端本机查询和客户端与本地服务器的查询。

用户输入域名后解析程序首先查找本地高速缓存内有无该域名的记录，如果查找成功直接返回 IP 地址，否则再去查找本机相关文件内是否有对应的 IP 地址，如果有，则返回 IP 地址。否则，向本地 DNS 服务器提出请求，进行客户端与本地服务器的查询。

本地服务器接到查询请求后，也要先检查本机文件，如果查询成功，则返回 IP 地址，否则，再检查 Cashe，如果再失败就要进行服务器之间的查询。

（2）服务器之间查询。

服务器之间的查询可能是反复进行的多次查询。当本地服务器查找失败时，就直接转向根域服务器查询，根域服务器再从上至下逐层查询。

（3）域名解析过程。

若cctv域中的某一台计算机要访问www.lstc.edu.cn，详细过程如下。

浏览器发现接收的地址是域名地址，不是IP地址，无法直接建立TCP连接，向DNS解析程序提出查询请求，查询www.lstc.edu.cn的IP地址。

如果用户最近访问过该地址，就从缓存里提取IP地址，返回给浏览器，否则，再查找本机文件中是否有记录，如果失败，执行本地服务器查询。

解析程序根据网络配置，向本地DNS服务器提出请求，要求查询www.lstc.edu.cn的IP地址。

本地DNS服务器若发现本身也没有该域名的IP地址，则直接向最高层的根域名服务器提出相同的请求。

根域名服务器也不能提供对应的IP地址，但能够提供顶级域名cn的DNS服务器地址，因而查询任务交给cn的DNS服务器。

若cn的DNS服务器检查发现，也没有存储www.lstc.edu.cn的IP地址，就需要提供edu.cn的DNS服务器地址，再把任务转移到edu.cn的服务器。

edu.cn的服务器若也不能提供www.lstc.edu.cn的IP地址，就需要提供lstc.edu.cn的DNS服务器的地址，假设为210.41.160.1，任务继续转移到该服务器。

假设在210.41.160.1的服务器数据库文件中查出www.lstc.edu.cn的IP地址为210.41.160.7，则把该结果回送到最初发出请求的计算机。

浏览器获得www.lstc.edu.cn的地址为210.41.160.7，开始建立TCP连接，传送数据。

3. DNS的常见安全威胁

从安全的角度来看，对DNS的攻击方式主要包括流量型拒绝服务攻击、异常请求访问攻击和DNS劫持攻击三大类，其中DNS劫持攻击最多。

（1）流量型拒绝服务攻击。

常见的有UDP flood、TCP flood、DNS请求flood和PING flood等。这种类型攻击的典型特征就是消耗掉DNS服务器的资源，使其不能及时响应正常的DNS解析请求，资源消耗包括对服务器CPU、网络等的占用。

（2）异常请求访问攻击。

常见的有超长域名请求、异常域名请求等，这类攻击的特点是通过发掘DNS服务器的漏洞，伪造特定的请求报文，导致DNS服务器软件工作异常而退出或崩溃而无法启动，达到影响DNS服务器正常工作的目的。

（3）DNS 劫持攻击。

域名劫持简单地说就是由于某种原因，LDNS 缓存了错误的结果，所以也叫作域名服务器缓存污染（DNS Cache Poisoning）。常见的有篡改 LDNS 缓存内容、篡改授权域内容、ARP 欺骗劫持授权域等。这种类型攻击的特点是通过直接篡改解析记录或在解析记录传递过程中篡改其内容或抢先应答，从而达到影响解析结果的目的。

DNS 按工作机制划分为两种。一种是只有缓存（Cache）功能的 DNS 服务器，这类服务器最典型的就是各个 ISP 提供负责解析服务的服务器，通常称为 LDNS。LDNS 服务器上没有原始的域名解析记录，所有的记录都需要通过查询授权域名服务器获得，同时根据授权域名服务器返回结果的过期时间（TTL）确定这些记录的有效性。在 TTL 有效时间内，服务器可以直接将已经获得的结果返回给所有查询的客户端；TTL 过期后，再向授权域名服务查询获得最新的结果。另一种是授权域名服务器，上面保存着管理域下的各种解析记录，供 LDNS 或其他客户端查询。

由于被污染的 LDNS 会将返回的结果缓存一定时间，并且在此期间内对所有向它请求的客户端直接返回错误结果，所以具有非常大的影响力和破坏力。

从理论上讲，DNS 劫持可以发生在整个 DNS 解析过程中的任何一个环节。例如，客户到 LDNS 的访问过程、LDNS 访问根域的过程，或者 LDNS 访问某一级授权域的过程，其中以后两种最为常见。

任务拓展：FTP 安全配置

在配置 FTP 服务器时，充分考虑应用中可能出现的安全性问题，可以在很大程度上减少安全事件的发生，提高 FTP 的应用安全性能。安全配置 FTP 的操作如下。

（1）单击“Serv-U FTP Server v15.2.0”安装软件，进入安装界面。

（2）在“选择安装语言”对话框中选择“中文（简体）”选项，如图 9-2-19 所示。

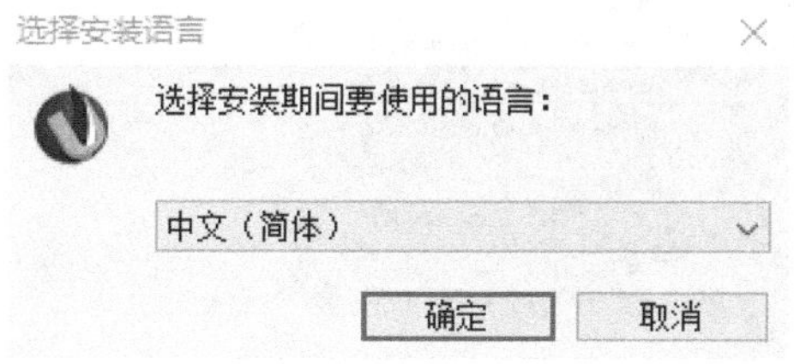

图 9-2-19　选择安装语言

（3）单击“确定”按钮，进入 Serv-U 安装向导界面，如图 9-2-20 所示。

（4）按照安装提示，完成 Serv-U 软件的安装，如图 9-2-21 所示。

（5）单击“确定”按钮，打开创建“域向导”对话框，在“域详细信息”文本框中输入“test”，单击“下一步”按钮；在“File Sharing”中输入 IP 地址并且选择共享的文件夹目录，如图 9-2-22 所示。

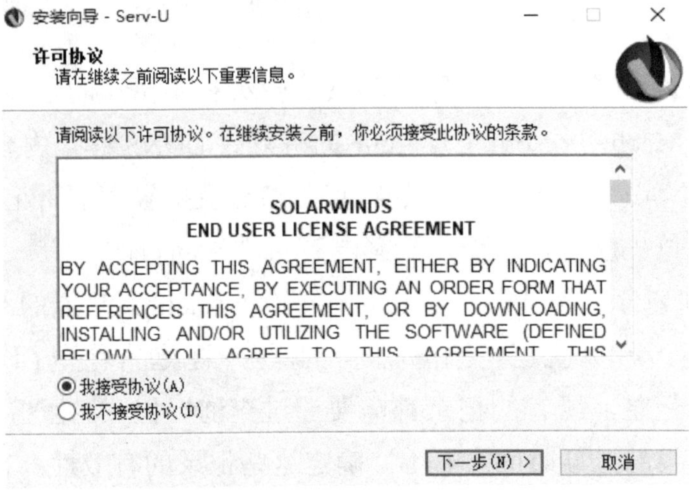

图 9-2-20　安装向导

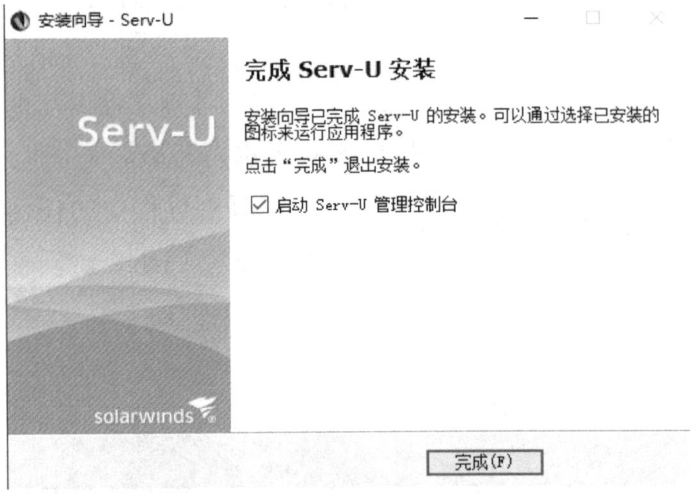

图 9-2-21　安装向导完成界面

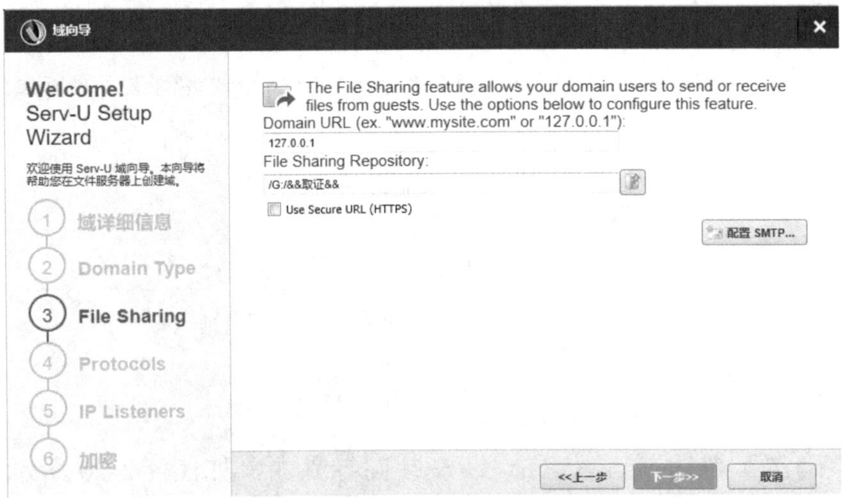

图 9-2-22　“域向导”步骤 1

（6）单击“下一步”按钮，打开“Protocols”界面，如图 9-2-23 所示。

（7）单击“下一步”按钮，打开“IP Listeners”界面，选择“所有可用的 IPv4 地址”

“所有可用的 IPv6 地址”选项，如图 9-2-24 所示。

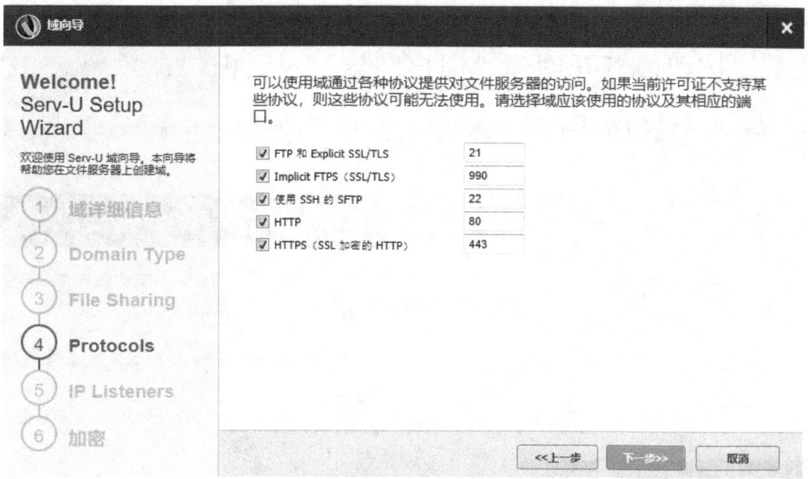

图 9-2-23 “域向导”步骤 2

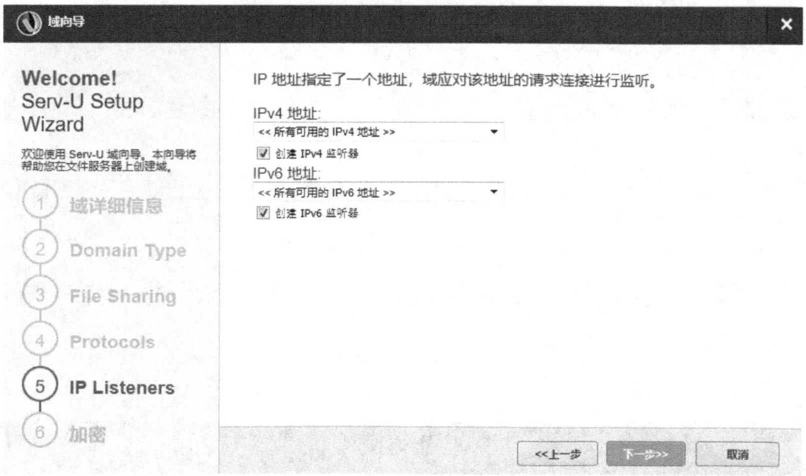

图 9-2-24 “域向导”步骤 3

（8）单击“下一步”按钮，打开“加密”界面，选择“使用服务器设置（加密：单项加密）”选项，如图 9-2-25 所示。

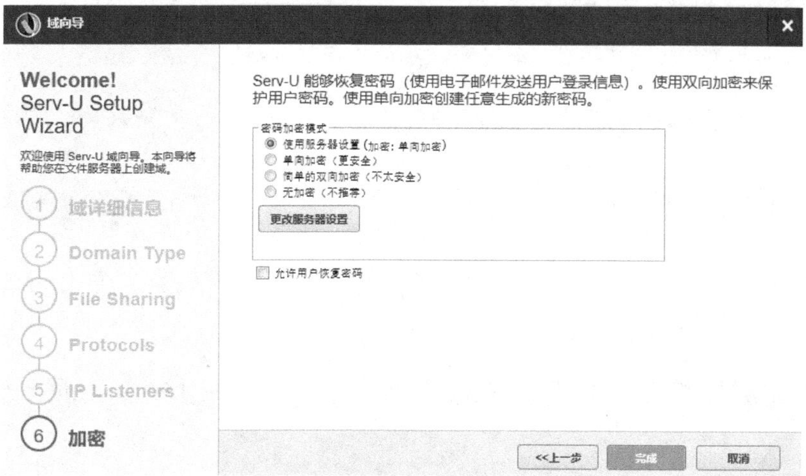

图 9-2-25 “域向导”步骤 4

（9）单击“完成”按钮，完成新域名的建立。随后弹出提示框提示是否使用向导创建用户，如图 9-2-26 所示。

（10）单击“是”按钮，打开创建“用户向导”对话框，在“登录 ID”文本框中输入用户名“User”，如图 9-2-27 所示。

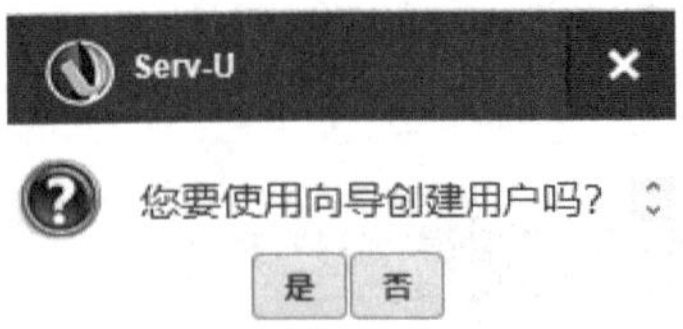

图 9-2-26 创建用户账户提示信息

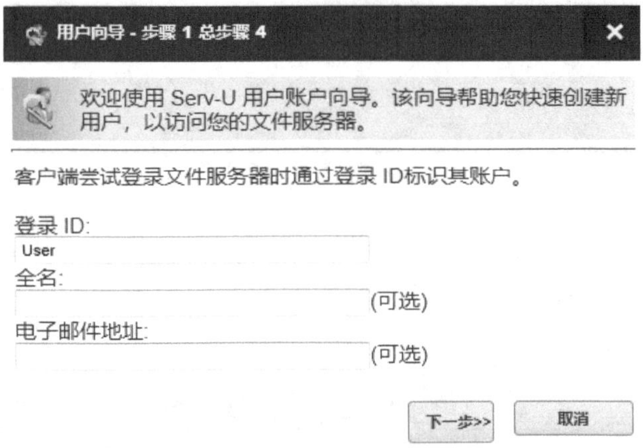

图 9-2-27 创建新用户

（11）单击“下一步”按钮，在“密码”文本框中输入密码“111000”，如图 9-2-28 所示。

（12）单击“下一步”按钮，设置根目录，选中“锁定用户至根目录”复选框，如图 9-2-29 所示。

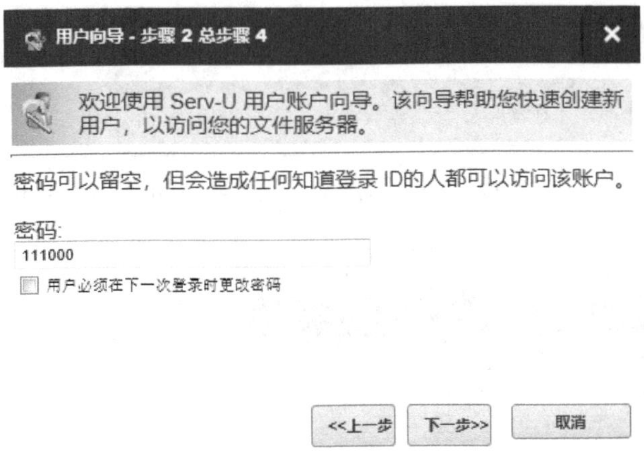

图 9-2-28 设置登录密码

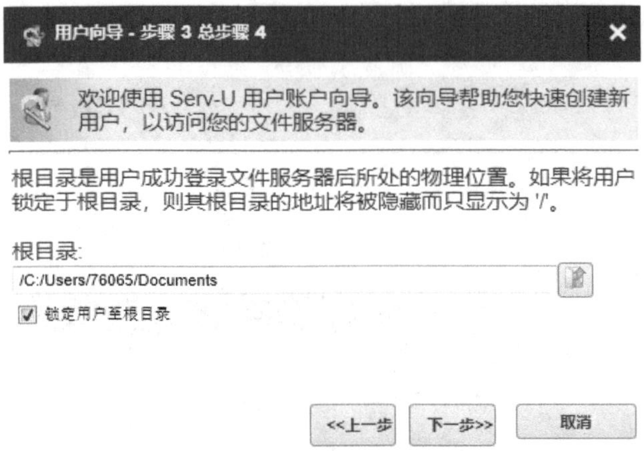

图 9-2-29 设置根目录

（13）单击“下一步”按钮，打开“访问权限”设置对话框，在“访问权限”下拉列表中选择“只读访问”，如图 9-2-30 所示。

（14）单击“完成”按钮，打开“Serv-U 管理控制台—用户”界面，如图 9-2-31 所示。

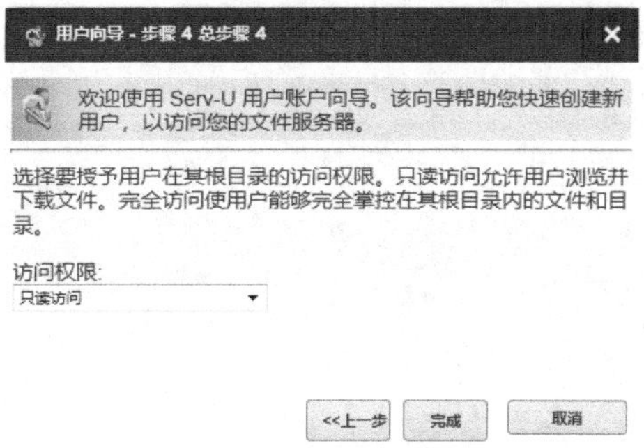

图 9-2-30　设置访问权限

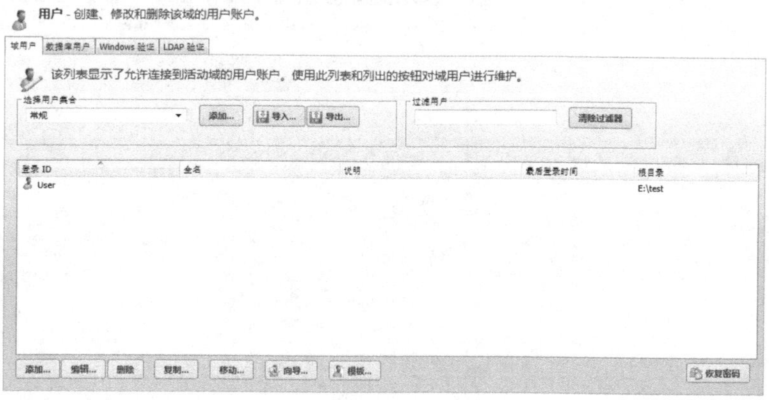

图 9-2-31　“Serv-U 管理控制台—用户”界面

（15）在“域用户”选项卡中单击“编辑”按钮，打开“用户属性”对话框。在“用户信息”选项卡“管理权限”选项的下拉列表中选择“无权限”选项，如图 9-2-32 所示。

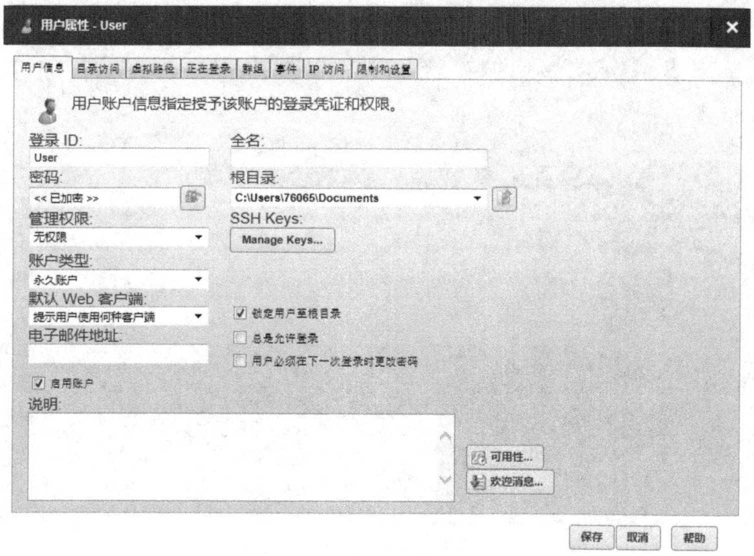

图 9-2-32　设置管理权限

（16）在“目录访问”选项卡中选中根目录，单击“编辑”按钮，打开“目录访问规则”对话框，设置根目录的访问权限，如图 9-2-33 所示。

（17）单击“保存”按钮，在“用户属性”对话框中单击“保存”按钮，完成目录访问设定。

（18）在“IP 访问”选项卡中单击“添加”按钮，打开“IP 访问规则”对话框，选中“允许访问”单选按钮，在“IP 地址/名称/掩码”文本框中输入允许访问的 IP 地址范围“192.168.71.1-192.168.71.254”，如图 9-2-34 所示。

（19）单击“保存”按钮，在“用户属性”对话框中单击“保存”按钮，完成 IP 访问设定，如图 9-2-35 所示。

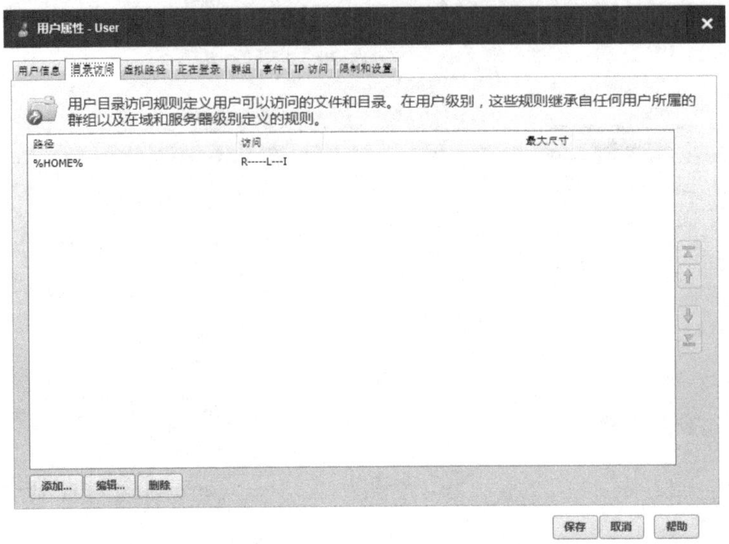

图 9-2-33　设置根目录访问权限

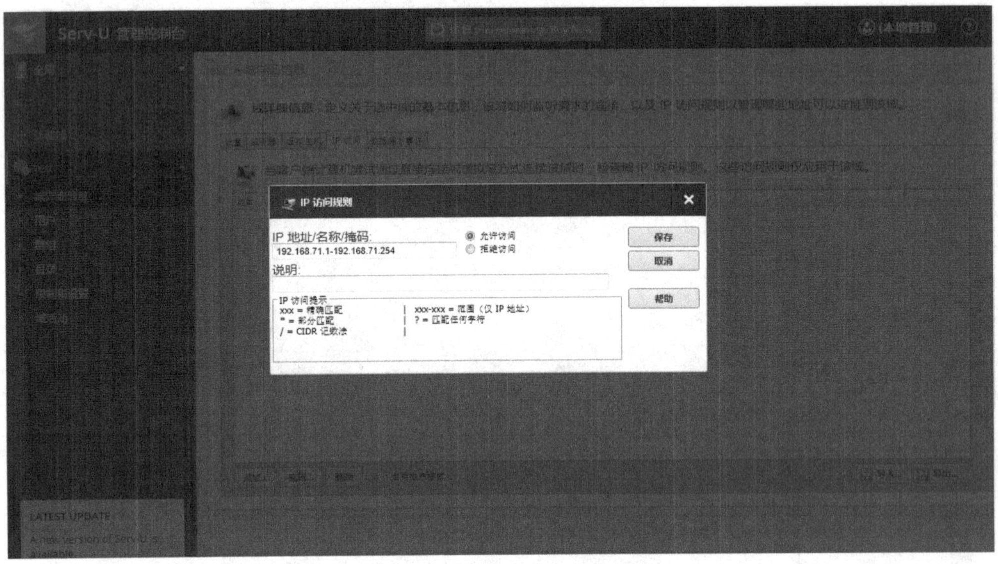

图 9-2-34　设置 IP 访问规则

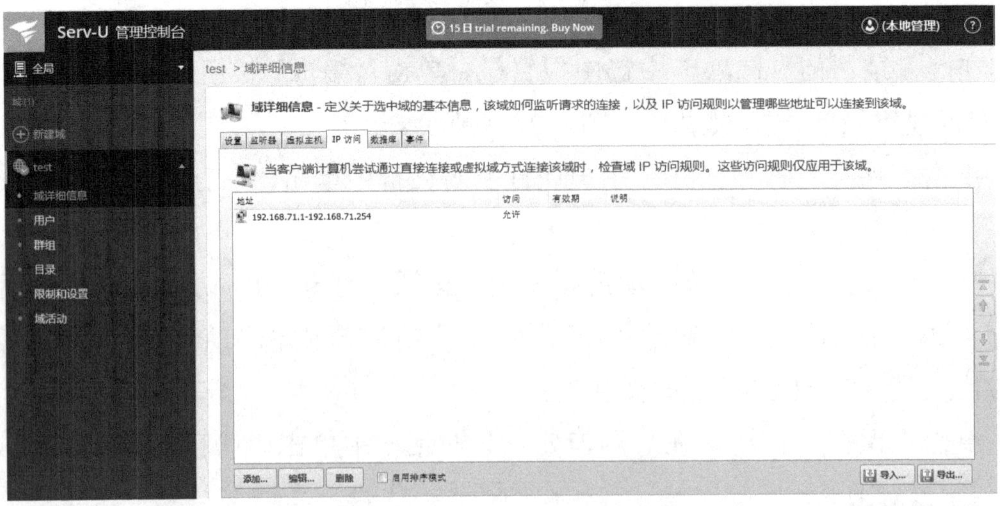

图 9-2-35　保存设置

（20）选择“限制和设置”选项卡的“域连接的最大会话数”选项，如图 9-2-36 所示。

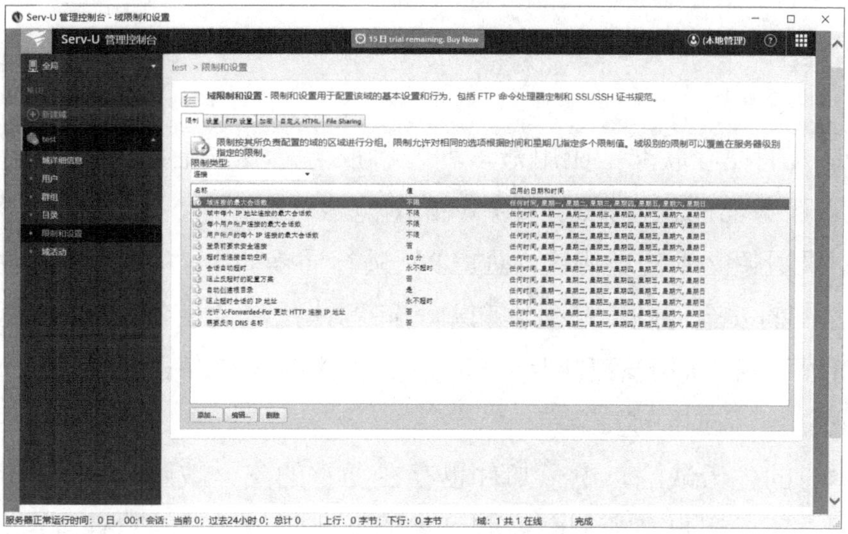

图 9-2-36　“限制和设置”选项卡

（21）单击“域连接的最大会话数”选项，打开“限制”对话框，在“域连接的最大会话数”文本框中输入“2”，如图 9-2-37 所示。

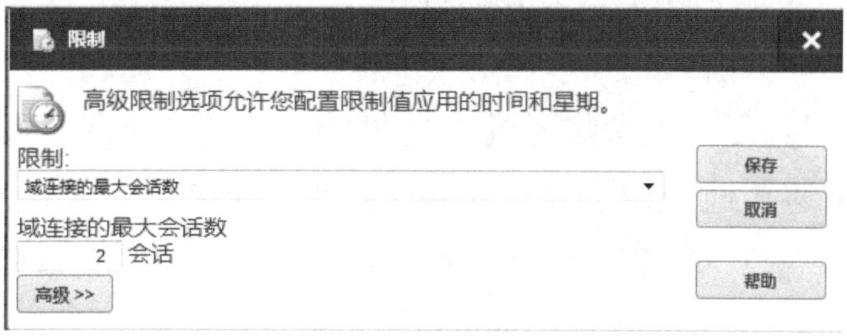

图 9-2-37　域连接会话数

（22）单击“保存”按钮即可。

常见问题及解决策略

1．没有 DNS 解析就不能上网

对于这种说法不能简单说对或错，之所以会这么说是没有搞清楚域名和 IP 地址的作用。DNS 出现故障，不能正常解析域名，使用域名就不可能上网。若用户直接使用 IP 地址上网，就不需要地址解析，所以当使用域名不能上网时，可以直接用 IP 地址试试。

2．最关心应用安全的是用户

或许大家都认为最关心网络应用安全的是广大的网络用户，这种认识有一定的局限性，关心网络安全问题的不仅是用户，更重视安全问题的应该是网络产品厂商，当用户远离网络产品之时一定是厂商倒闭之日。所以他们不得不付出更多的精力保证产品不出安全问题或少出安全问题。

项目小结

Web 服务是人们在互联网上应用最多的一种服务，其安全性应给予更多的关注。Web 服务基于客户机-服务器的工作模式，由 Web 浏览器（客户机）和 Web 服务器（服务器）构成，两者之间采用超文本传送协议（HTTP）进行通信。

Web 服务存在的安全问题不是孤立和单一问题，是涉及设备、环境和应用等多方面的综合性问题，可以概括为服务器及网络环境的安全、Web 服务器应用安全、网站应用程序安全和 Web Server 周边应用的安全等。

由于网络本身的先天缺陷，电子邮件也存在严重的安全威胁，有黑客称电子邮件如同明信片一样透明，所以用户必须考虑采取可靠的安全防护措施，以保证邮件信息的安全，电子邮件加密是最常用的安全措施之一，PGP 是常用的一种加密方式。

域名解析系统的复杂性和网络服务的基础性，使其安全问题成为业界普遍关注的问题，加之频发的 DNS 劫持事件，更加剧了人们对其安全性的担忧。从安全的角度看，对 DNS 的攻击方式主要包括流量型拒绝服务攻击、异常请求访问攻击和 DNS 劫持攻击三大类，其中 DNS 劫持攻击最多。

匿名 FTP 是为在服务器上没有账号的人提供的，主要用来访问公用资源。匿名服务方式方便了用户，也不可避免地带来了安全问题，当然 FTP 存在的安全问题远不止这些。FTP 的安全问题主要是 FTP 本身存在有严重的安全缺陷，较容易发生欺骗和攻击。常见的 FTP 攻击形式有用户欺骗、FTP 的“跳（Bounce）”攻击、文件许可权限错误、SITE EXEC 漏洞等。

项目考核

学习任务完成后，可以进行自评、互评和教师点评，形成个人和学习小组任务完成情况总体评价。合作学习评价的内容和要求参见项目 1，知识、技能评价的内容和要求如下。

（1）对 Web 安全问题的理解。

能清楚描述 Web 应用中存在的各种安全问题，并了解应对措施。

（2）配置 IIS Web 的熟练程度。

能熟练配置 IIS Web，并能全面考虑其中涉及的安全问题。

（3）对加密传输电子邮件操作。

了解加密信息的必要性，会使用 PGP 加密传输电子邮件。

（4）配置 DNS 的熟练程度。

了解 DNS 的作用，在配置 DNS 时能全面考虑安全问题。

（5）FTP 安全配置操作。

在配置 FTP 时能考虑其中的安全性问题。

项目习题

1. 单项选择题

（1）Web 服务的浏览器和服务器之间采用（　　）协议进行通信。

A．Web　　B．HTTP　　C．FTP　　D．SMTP

（2）PGP 是流行的加密软件，它可以用于加密邮件，也可以用于（　　）。

A．加密收件人　　B．加密发件人　　C．添加数字签名　　D．加密信封

（3）域名是主机或路由器的字符串名称，采用唯一的（　　）命名方法。

A．层次结构　　B．网状结构　　C．线性结构　　D．任意结构

（4）FTP 的传输模式有两种，分别是 ASCII 传输模式和（　　）传输模式。

A．二进制数据　　B．十六进制数据　　C．十进制数据　　D．八进制数据

2. 多项选择题

（1）负责解析域名的服务器有（　　）。

A．本地域名服务器　　B．授权域名服务器

C．远程域名服务器　　D．根域名服务器

（2）HTTP 协议的工作过程包括（　　）。

A．连接　　B．请求　　C．应答　　D．关闭

（3）域名解析的客户端查询包括（　　）和（　　）的查询。

A．客户端本机查询　　B．服务器本机查询

C．客户端与本地服务器　　D．服务器与服务器查询

（4）对 DNS 的攻击方式主要包括（　　）。

A．流量型拒绝服务攻击　　B．异常请求访问攻击

C．DNS 劫持攻击　　D．UDP 攻击

3. 判断题

（1）没有 DNS 解析就不能上网。（　　）

（2）HTTP 协议工作过程中的连接是指 Web 浏览器与 Web 服务器建立连接。（　　）

（3）Web 服务存在的安全问题是孤立和单一问题（　　）

（4）Web 服务是一组应用程序。（　　）

（5）FTP 是 TCP/IP 协议组中的协议之一。（　　）

4．简答题

（1）为什么与 Web 有关的攻击那么多？

（2）配置服务器时考虑安全性问题有什么好处？

（3）邮件服务存在哪些安全性问题？

（4）为什么出现 DNS 故障会引起大范围的网络瘫痪？

（5）为什么 FTP 的安全性不高？

5．实训题

（1）配置 IIS Web 服务器，说明安全性是如何考虑的。

（2）配置 DNS 服务器，说明与安全性有关的设置。

项目 10

网络文明

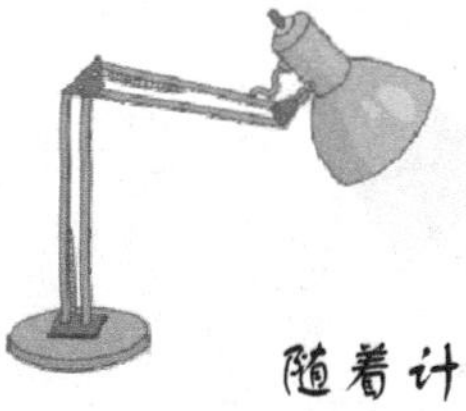

随着计算机网络技术的迅速发展和应用范围的不断扩大，计算机网络对人类社会的影响也日益深入。然而，网络空间并非一片净土，它在释放巨大能量的同时也可能成为信息垃圾的衍生地。我们应理性地认识、理解网络，积极营造文明的网络环境。

项目目标

- 了解网络环境的道德要求，能够自觉遵守网络道德。
- 了解网络谣言的危害，能够自觉抵制不良网络行为。
- 了解不文明网络行为，树立正确的网络道德观。

任务 10.1　了解网络道德

同世界上许多事物一样，网络自由也是一把双刃剑，网民在享受宽松、自由的同时，也要承受着过度自由所带来的损害。一些道德素质低下的网民，利用网络提供的方便条件，制造信息垃圾，进行信息污染，传播有害信息，或利用网络实施犯罪活动，使网络大众的利益受到侵害。只有认识不文明的网络行为，了解网络应用中倡导的行为规范，才能提高文明使用网络的意识。

案例 19：张某某、姚某某侵犯公民个人信息案

2015 年 6 月，被告人张某某在登录浏览某购物网站时发现，通过修改该网站网购订单

号可以查看到包含用户姓名、手机号、住址等内容的订单信息。为牟取利益，张某某委托他人针对上述网站漏洞编制批量爬取数据的恶意程序，在未经网站授权的情况下，进入该网站后台管理系统，从中非法获取客户订单信息 12503 条，通过 QQ 等联络方法将上述客户信息分数次卖给被告人姚某某，获利人民币 5359 元。被告人姚某某购得上述订单信息后，又在网络上通过加价倒卖从中牟利。

上海市黄浦区人民检察院于2015年9月30日以涉嫌非法获取公民个人信息罪对张某某批准逮捕，于 10 月 20 日以证据不足对姚某某不批准逮捕，并要求公安机关补充侦查。此案提起公诉后，2016 年 3 月 29 日，黄浦区人民法院以侵犯公民个人信息罪，判处张某某有期徒刑一年九个月，罚金人民币五万元，判处姚某某有期徒刑一年六个月，罚金人民币二万元。

任务活动

1. 教师展示案例，讲解案（事）例涉及的专业术语和知识

（1）讲述电子邮件侵权案。

（2）讲述维修中的计算机信息泄露事件。

2. 侵权或不当网络行为案（事）例收集

学生自主分组并充分利用网络资源进行案（事）例收集，小组活动结束后应形成以下成果：

（1）收集到若干个网络侵权或不道德网络行为的真实案（事）例。

（2）撰写一份简单的不当网络行为案（事）例分析报告。

（3）简述一段简短的小组活动总结。

3. 网络不当行为案（事）例讨论

根据对教材的展示案（事）例和自己收集案（事）例的讨论结果，分组发言表达各组对不当网络行为的看法，最终达成文明、规范使用网络的共识。可以围绕以下问题展开讨论：

（1）案（事）例中出现的问题是由什么原因引起的？

（2）电子邮件与生活中的信件有什么区别？

（3）计算机设备维修人员有责任为客户保护资料的机密性吗？

（4）你认为如何解决案（事）例中的问题？

知识链接

网络在信息社会中充当着越来越重要的角色，但是不管网络功能怎样强大，它也是人

类创造的一种工具，本身并没有思想，即使具有某种程度的智能，也是人类赋予它的。因此，在使用网络时，一定要遵守人类社会所共有的道德规范，同各种不道德行为和犯罪行为做斗争。

1.《全国青少年网络文明公约》

共青团中央、教育部、文化部、国务院新闻办公室、全国青联、全国学联、全国少工委中国青少年网站协会联合制定的《全国青少年网络文明公约》提倡“五要、五不”网络行为，具体内容如下。

（1）要善于网上学习，不浏览不良信息。

（2）要诚实友好交流，不侮辱欺诈他人。

（3）要增强自护意识，不随意约会网友。

（4）要维护网络安全，不破坏网络程序。

（5）要有益身心健康，不沉溺虚拟时空。

2. 网民评选的网络十大不文明行为

在《公民道德建设实施纲要》发布四周年之际，中国精神文明网联合 8 家网站，开展了“网络十大不文明行为征集与评选活动”，评选出网民反映最强烈的“网络十大不文明行为”，具体内容如下。

（1）传播谣言、散布虚假信息。

（2）制作、传播网络病毒，“黑客”恶意攻击、骚扰。

（3）传播垃圾邮件。

（4）论坛、聊天室侮辱、谩骂。

（5）网络欺诈行为。

（6）网络色情聊天。

（7）窥探、传播他人隐私。

（8）盗用他人网络账号，假冒他人名义。

（9）强制广告、强制下载、强制注册。

（10）炒作色情、暴力、怪异等低俗内容。

3.《河北省网络生态文明公约》

《河北省网络生态文明公约》旨在回应网民对净化网络环境的强烈诉求，建立河北省互联网各类主体自觉遵守的网络空间道德行为准则，引导促进网络空间各类主体提升网络素养，动员更多社会力量参与到网络生态治理中，有利于培育积极健康、向上向善的网络文化。河北省网络生态文明公约具体内容如下。

好生态 大家创 文明公约一齐唱；遵法规 不能忘 网络安全有保障；

价值观 道德榜 优秀文化多弘扬；讲格调 树风尚 社会责任勇担当；

国旗红 国歌亮 网络使用应妥当；尊英模 敬先烈 不可亵渎把本忘；
远邪教 眼擦亮 封建迷信勿宣扬；恐惊残 人性丧 网络暴力要抵抗；
识谣言 别上当 善于思考求真相；不侮辱 禁诽谤 隐私切莫传网上；
键盘侠 标题党 敢于批评不助长；博眼球 骗打赏 大胆揭露正导向；
反三俗 除不良 色情赌毒须提防；网引诱 不健康 警惕孩子来模仿；
绯闻事 莫炒作 灾害事故少夸张；网热点 细思量 相信权威辨假象；
假账号 造流量 恶意营销必曝光；守诚信 自律强 违法广告拒投放；
全社会 明方向 举报监督来护航；爱河北 正能量 网络家园更清朗。

4.《中国互联网行业自律公约》

中国互联网协会于2001年7月成立《中国互联网行业自律公约》起草小组，经多次讨论和修改完善，最终形成了包括4章31条的自律公约。公约分别对制定互联网行业自律的宗旨、原则、价值取向、互联网运行服务、运用服务、信息服务、网络产品的开发、生产以及其他与互联网有关的科研、教育、服务等领域的从业者的行业自律事项、公约的执行等做了规定。其中，自律条款的内容如下。

第六条 自觉遵守国家有关互联网发展和管理的法律、法规和政策，大力弘扬中华民族优秀文化传统和社会主义精神文明的道德准则，积极推动互联网行业的职业道德建设。

第七条 鼓励、支持开展合法、公平、有序的行业竞争，反对采用不正当手段进行行业内竞争。

第八条 自觉维护消费者的合法权益，保守用户信息秘密；不利用用户提供的信息从事任何与向用户做出的承诺无关的活动，不利用技术或其他优势侵犯消费者或用户的合法权益。

第九条 互联网信息服务者应自觉遵守国家有关互联网信息服务管理的规定，自觉履行互联网信息服务的自律义务。

（一）不制作、发布或传播危害国家安全、危害社会稳定、违反法律法规以及迷信、淫秽等有害信息，依法对用户在本网站上发布的信息进行监督，及时清除有害信息。

（二）不链接含有有害信息的网站，确保网络信息内容的合法、健康。

（三）制作、发布或传播网络信息，要遵守有关保护知识产权的法律、法规。

（四）引导广大用户文明使用网络，增强网络道德意识，自觉抵制有害信息的传播。

第十条 互联网接入服务提供者应对接入的境内外网站信息进行检查监督，拒绝接入发布有害信息的网站，消除有害信息对我国网络用户的不良影响。

第十一条 互联网上网场所经营者要采取有效措施，营造健康文明的上网环境，引导上网人员特别是青少年健康上网。

第十二条 互联网信息网络产品制作者要尊重他人的知识产权，反对制作含有有害信息和侵犯他人知识产权的产品。

第十三条 全行业从业者共同防范计算机恶意代码或破坏性程序在互联网上的传播，反对制作和传播对计算机网络及他人计算机信息系统具有恶意攻击能力的计算机程序，反对非法侵入或破坏他人计算机信息系统。

第十四条 加强沟通协作，研究、探讨我国互联网行业发展战略，对我国互联网行业的建设、发展和管理提出政策和立法建议。

第十五条 支持采取各种有效方式，开展互联网行业科研、生产及服务等领域的协作，共同创造良好的行业发展环境。

第十六条 鼓励企业、科研、教育机构等单位和个人大力开发具有自主知识产权的计算机软件、硬件和各类网络产品等，为我国互联网行业的进一步发展提供有力支持。

第十七条 积极参与国际合作和交流，参与同行业国际规则的制定，自觉遵守我国签署的国际规则。

第十八条 自觉接受社会各界对本行业的监督和批评，共同抵制和纠正行业不正之风。

任务拓展：了解虚拟社会

在人类社会向以“比特”（bit）为特征的信息社会转变的过程中，互联网与其拓展的广阔的“数字空间”为人们创造了一个“虚拟社会”。许多人认为，“虚拟社会”是以虚拟性、模糊性、全球性、裂变性为特点的虚拟生存空间，是与现实生存有根本区别的社会主体的一种存在方式，这种存在方式带来了人类生存中虚拟生存与现实生存、理想化生存与世俗化生存、全球生存与民族生存的矛盾。有人认为，既然是虚拟的，人们自然不用拿现实中的法律约束网络行为，在网上可以随心所欲、为所欲为、大行其道。“虚拟社会”真的是脱离现实，与“现实社会”完全对立，或现实完全浸于虚拟情景之中吗？

在汉语的语境中，“虚”具有或暗示着“虚无”“虚假”“不真”等语义，而“虚拟”则意指“假设的，不符合或不一定符合事实的”，虚拟与“虚构”“虚假”“编造”等词近义，与“真实”和“实在”反义。在英文环境，“虚拟”（Virtual）指的是“严格而论或名义上虽然不是，但实际上是”，或者指“事实上的、实际上的、实质上的，但未在名义上或正式获承认”（《牛津高级英汉双解词典》（第四版增补本），2002）。也就是说，“虚拟”的英文解释从来没有常识意义上的“不现实”或“不真实”的含义。“虚拟社会”这一术语可能是在“虚拟”一词上引起了误解，这种误解出现的一个原因在于“虚拟”和“现实”在英语和汉语词义转换中的文化和语用误读。

国外更多的是把“虚拟社会”（Virtual Society）称为“赛博社会”（Cyber Society），理解为一种数字化的社会结构、关系和资源整合环境，而不是虚构的、不存在的社会环境。

解读“赛博社会”主要基于以下三个方面：

一是对“数字化社会结构”的认知，在于凸显数字化决定了网络社会系统的社会功能和由此构建的关系网络具有虚拟的特征。

二是“数字化社会结构”命题具有的特殊性，在于它作为一种社会结构具有可观的、技术性的特质。

三是“数字化社会结构”表明网络社会结构是由信息技术、通信技术和网络技术联结而成的具有数字化和技术化特性的新型社会结构，而不是现实社会结构的延续。

“赛博社会”数字化特质的形成源于两个方面：一是结成网络社会物质的、物理的要件是信息设施、通信设施、计算机设备和以数字形式流动的信息。二是网络社会结构的形成以信息技术、通信技术和网络技术通过数字化整合与互联实现。因此，“赛博社会”也是我们常说的“网络社会”，因为互联网与“数字化”技术有着不可分割的深度关系，“网络社会”有与之更为接近的内涵和外延。

常见问题及解决策略

1. 认为网络行为与现实行为完全是两码事

这完全是一种错误的认识，更不能作为网络不当行为的推脱借口，网民的网络行为一定要遵纪守法、恪守伦理道德。

网络社会是与现实社会有一定区别的人类社会存在的一种新形式，网络社会以现实社会为存在基础，在现实社会物质生产发展、社会财富相对丰富的基础上生成并获得发展，网络社会的主体存在也以现实社会主体的存在为基础，表明网络社会只是社会的一部分，而不是一个完整的社会整体。网络社会的现实管理是信息社会必将面临的重要课题，目前，中国已有较为系统的网络管理法律法规，能够有效制约网络不当行为，打击相关犯罪。

2. 网络对人类社会和个人只有积极的作用

我们在充分享受着人类智慧结晶——计算机网络所带来的种种便利，赞叹计算机网络性能卓越、功能强大、社会作用非凡的同时，也应清醒地看到计算机网络同样给人类生活带来一些负面影响。

曾几何时人们只是听说爱赌成性、吸烟上瘾、吸毒难以自拔，谁会想到上网也会中毒、成瘾，谁会想到为人类造福的高科技产品——计算机网络，在帮助人们成功、成才的同时也能导致家破人亡的人间悲剧。互联网是继报刊、广播、电视之后的第四类媒体，它以声像图文并茂的多媒体服务及美妙无比的虚拟环境，使上网的人们享受现实生活中难以实现的美梦。因此，互联网也成了一些人生活中不能缺少的一部分，甚至是全部精神寄托，整日沉溺其中，远离现实世界。上网成瘾者有的荒废了学业，有的妻离子散、家业破败，甚至走上犯罪道路。

正确认识网络对人类的影响是解决问题的基础，有度使用网络、适度调节心理，多吃富含维生素 A 的食物，注意清洁等，也能在一定程度上降低辐射对人的影响。

任务 10.2　抵制不良信息

网络中不仅有能帮助我们学习、生活、工作的有用信息，也有色情、暴力、谎言等有害信息，抵制网络不良信息也因此成为安全使用网络必须修炼的基本功。随着一批网络推手的锒铛入狱，网络策划、网络谣言这样一种社会丑恶现象露出了真面目，让网民对抵制不良信息的必要性有了更清楚的认识。

案例 20：散布网络谣言案件

2014 年，上海公安仅用 5 小时，快侦快破一起“浦东医院收治一起疑似埃博拉病例”网络谣言案件，抓获涉案嫌疑人祝某。

2014 年 8 月 5 日，公安机关在工作中发现，网民“上海民生”8 月 3 日 21 时 39 分在新浪微博发博文称：“近日，浦东新区人民医院又出现了一例类似禽流感。另外一位从非洲来的人也住进了该医院，疑似目前的非洲恐怖病毒‘埃博拉’。望相关部门重视认真化验且求证两例真实性，如属实务必迅速隔离一切到位。”其后，微博、微信平台均有网民大量转发该条假消息。

浦东公安分局迅速查明发布该不实信息的是祝某，并依法将其传唤到公安机关进行调查。据祝某交代，因听闻他人建议“近期少去人民医院”的言论，遂臆想并杜撰了“浦东新区人民医院现埃博拉病毒”的谣言。事后，其本人也意识到了自己未考虑负面后果及社会影响，只想引起网民关注的做法已违反法律。

鉴于祝某的行为已涉嫌扰乱公共场所秩序，根据《中华人民共和国治安管理处罚法》第二十五条第一款之规定，对祝某处以行政拘留五日。

警方正告：网络社会不是法外之地，法律尊重和保护公民个人的言论自由，每一位理性公民都应认识到，任何言论都不能超越法律和道德的底线。

任务活动

1．教师展示案例，讲解案（事）例涉及的专业术语和知识

（1）讲解网络推手、水军、有害信息等知识。

（2）讲解网络名人的网络影响力。

（3）讲解众多群体性事件的起源。

2．传播有害信息和编造网络谣言的案例收集

学生自主分组并充分利用网络资源进行案（事）例收集，小组活动结束后应形成以下成果。

（1）收集到若干个传播有害信息和编造网络谣言的真实案（事）例，检索国外对网络谣言制造者的惩处案例。

（2）撰写一份简单的传播有害信息和编造网络谣言案（事）例分析报告。

（3）简述一段简短的小组活动总结。

3．对传播有害信息案（事）例的讨论

根据对教材展示案（事）例和自己收集案（事）例的讨论结果，分组发言表达各组对传播有害信息的看法，最终达成自觉抵制有害信息、不编谣传谣信谣，做文明网民的共识。可以围绕以下问题展开讨论。

（1）为什么所有国家对网络谣言都有法律上的约束？

（2）怎样看待有害信息对网络的影响？

（3）网络谣言和现实社会中的谣言有什么异同？

（4）你认为网络名人应该承担什么样的社会责任？

知识链接

网络中发布大量虚假、有害信息正成为严重危害社会的恶疾，一些无良的网络推手利用人们的善心，策划编造虚假事件博取眼球为自己牟利，此行为不但造成了网络信用认知能力的急剧下降，误导也会使人们的社会价值观严重扭曲，因此，打击此类违法行为、弘扬正能量是维护网络秩序的重要基础。

1．传播正能量，共守“七条底线”

2013 年 8 月 15 日闭幕的中国互联网大会发出倡议，全国互联网从业人员、网络名人和广大网民，都应坚守“七条底线”，营造健康向上的网络环境，自觉抵制违背“七条底线”的行为，积极传播正能量，为实现中华民族伟大复兴的中国梦做出贡献。网络发言需要规则和底线，这应当成为意见各方彼此尊重并充分践行的网络行为准则。“七条底线”是对网络发言中不良现象的一次合理纠偏，也是对建立理性公共舆论空间提出的约束性规范。

（1）一是法律法规底线。

（2）二是社会主义制度底线。

（3）三是国家利益底线。

（4）四是公民合法权益底线。

（5）五是社会公共秩序底线。

（6）六是道德风尚底线。

（7）七是信息真实性底线。

2. 中国互联网协会抵制网络谣言倡议书

随着信息通信技术的快速发展，互联网已经成为民意表达的重要平台，对经济、政治、文化和人民生活产生着积极的影响。同时应当看到，网上不良、不实信息仍然存在，影响社会健康发展，特别是最近网络谣言的传播已成为一大社会公害，严重侵犯公民权益，损害公共利益，也危害国家安全和社会稳定。共同抵制网络谣言，营造健康文明的网络环境已经成为社会各界共同关注的问题。为抵制网络谣言，营造健康文明的网络环境，推动互联网行业健康可持续发展，中国互联网协会向全国互联网业界发出如下倡议。

（1）树立法律意识，严格遵守国家和行业主管部门制定的各项法律法规，以及中国互联网协会发布的行业自律公约，不为网络谣言提供传播渠道，配合政府有关部门依法打击利用网络传播谣言的行为。

（2）积极响应“增强国家文化软实力，弘扬中华文化，努力建设社会主义文化强国”的战略部署，制作和传播合法、真实、健康的网络内容，把互联网建设成宣传科学理论、传播先进文化、塑造美好心灵、弘扬社会正气的平台。

（3）增强社会责任感，履行媒体职责，承担企业社会责任，依法保护网民使用网络的权利，加强对论坛、微博等互动栏目的管理，积极引导网民文明上网、文明发言，坚决斩断网络谣言传播链条。

（4）坚持自我约束，加强行业自律。建立、健全网站内部管理制度，规范信息制作、发布和传播流程，强化内部监管机制；积极利用网站技术管理条件，加强对网站内容的甄别和处理，对明显的网络谣言应及时主动删除。

（5）加强对网站从业人员的职业道德教育，要求网站从业人员认真履行法律责任，遵守社会公德，提高从业人员对网络谣言的辨别能力，督促从业人员养成良好的职业习惯。

（6）提供互动信息服务的企业，应当遵守国家有关互联网真实身份认证的要求，同时要做好保护网民个人信息安全工作，提醒各类信息发布者发布信息必须客观真实、文责自负，使每个网民承担起应尽的社会责任。

（7）自觉接受社会监督，设置听取网民意见的畅通渠道，对公众反映的问题认真整改，提高社会公信力。

（8）希望广大网民积极支持互联网企业抵制网络谣言的行动，自觉做到不造谣、不传谣、不信谣，不助长谣言的流传、蔓延，做网络健康环境的维护者，发现网络谣言积极举报。

3．最高人民法院、最高人民检察院关于办理利用信息网络实施诽谤等刑事案件适用法律若干问题的解释

为保护公民、法人和其他组织的合法权益，维护社会秩序，根据《中华人民共和国刑法》（以下简称“刑法”）《全国人民代表大会常务委员会关于维护互联网安全的决定》等规定，对办理利用信息网络实施诽谤、寻衅滋事、敲诈勒索、非法经营等刑事案件适用法律的若干问题解释如下：

第一条 具有下列情形之一的，应当认定为刑法第二百四十六条第一款规定的“捏造事实诽谤他人”：

（一）捏造损害他人名誉的事实，在信息网络上散布，或者组织、指使人员在信息网络上散布的；

（二）将信息网络上涉及他人的原始信息内容篡改为损害他人名誉的事实，在信息网络上散布，或者组织、指使人员在信息网络上散布的；

明知是捏造的损害他人名誉的事实，在信息网络上散布，情节恶劣的，以“捏造事实诽谤他人”论。

第二条 利用信息网络诽谤他人，具有下列情形之一的，应当认定为刑法第二百四十六条第一款规定的“情节严重”：

（一）同一诽谤信息实际被单击、浏览次数达到五千次以上，或者被转发次数达到五百次以上的；

（二）造成被害人或者其近亲属精神失常、自残、自杀等严重后果的；

（三）两年内曾因诽谤受过行政处罚，又诽谤他人的；

（四）其他情节严重的情形。

第三条 利用信息网络诽谤他人，具有下列情形之一的，应当认定为刑法第二百四十六条第二款规定的“严重危害社会秩序和国家利益”：

（一）引发群体性事件的；

（二）引发公共秩序混乱的；

（三）引发民族、宗教冲突的；

（四）诽谤多人，造成恶劣社会影响的；

（五）损害国家形象，严重危害国家利益的；

（六）造成恶劣国际影响的；

（七）其他严重危害社会秩序和国家利益的情形。

第四条 一年内多次实施利用信息网络诽谤他人行为未经处理，诽谤信息实际被单击、浏览、转发次数累计计算构成犯罪的，应当依法定罪处罚。

第五条 利用信息网络辱骂、恐吓他人，情节恶劣，破坏社会秩序的，依照刑法第二百九十三条第一款第（二）项的规定，以寻衅滋事罪定罪处罚。

编造虚假信息，或者明知是编造的虚假信息，在信息网络上散布，或者组织、指使人员在信息网络上散布，起哄闹事，造成公共秩序严重混乱的，依照刑法第二百九十三条第一款第（四）项的规定，以寻衅滋事罪定罪处罚。

第六条 以在信息网络上发布、删除等方式处理网络信息为由，威胁、要挟他人，索取公私财物，数额较大，或者多次实施上述行为的，依照刑法第二百七十四条的规定，以敲诈勒索罪定罪处罚。

第七条 违反国家规定，以营利为目的，通过信息网络有偿提供删除信息服务，或者明知是虚假信息，通过信息网络有偿提供发布信息等服务，扰乱市场秩序，具有下列情形之一的，属于非法经营行为“情节严重”，依照刑法第二百二十五条第（四）项的规定，以非法经营罪定罪处罚：

（一）个人非法经营数额在五万元以上，或者违法所得数额在二万元以上的；

（二）单位非法经营数额在十五万元以上，或者违法所得数额在五万元以上的。

实施前款规定的行为，数额达到前款规定的数额五倍以上的，应当认定为刑法第二百二十五条规定的“情节特别严重”。

第八条 明知他人利用信息网络实施诽谤、寻衅滋事、敲诈勒索、非法经营等犯罪，为其提供资金、场所、技术支持等帮助的，以共同犯罪论处。

第九条 利用信息网络实施诽谤、寻衅滋事、敲诈勒索、非法经营犯罪，同时又构成刑法第二百二十一条规定的损害商业信誉、商品声誉罪，第二百七十八条规定的煽动暴力抗拒法律实施罪，第二百九十一条之一规定的编造、故意传播虚假恐怖信息罪等犯罪的，依照处罚较重的规定定罪处罚。

第十条 本解释所称信息网络，包括以计算机、电视机、固定电话机、移动电话机等电子设备为终端的计算机互联网、广播电视网、固定通信网、移动通信网等信息网络，以及向公众开放的局域网络。

任务拓展：从反“人肉搜索”第一案了解“人肉搜索”

“人肉搜索”有广义和狭义之分。广义的人肉搜索是指通过问答形式实现的信息共享；狭义的“人肉搜索”是指在网络社区集合广大网民的力量，追查某些事情或人物的真相，并将其曝光。从已发生的纠纷看，人们更多关注可能涉及隐私侵害的狭义“人肉搜索”。

2007 年 12 月，31 岁的女白领姜某在个人博客上诉说丈夫王某有外遇后，跳楼身亡。姜某的好友将此事发布到天涯社区，北飞的候鸟、大旗网纷纷转载。一时间，小三插足、逼死妻子成了 2008 年年初的网络热点。天涯网友启动了“人肉搜索”。王某和第三者成了谴责的焦点，他们的一切资料被公开，王某不断收到恐吓邮件，在网上被通缉、追杀、围攻、威胁，甚至有网友聚集在他的单位门口找他算账，导致他被单位辞退，而且他父母的姓名、电话、地址，以及哥哥姓名、单位、车牌号都被贴到网上，更有不少网友在半夜打电话骚扰王某家人。王某不堪忍受，将天涯社区、大旗网和北飞的候鸟网站管理员告上法庭，被称为“反人肉搜索”第一案。

2008 年 12 月 18 日，朝阳区人民法院判决，大旗网和北飞的候鸟两家网站的经营者或管理者，侵犯原告王某名誉权及隐私权，判网站停止侵权行为、公开道歉，并分别赔偿王某精神抚慰金 3000 元和 5000 元；天涯社区由于在王某起诉前及时删除了侵权帖子，履行了监管义务，因此不构成侵权。

“人肉搜索”是一种最有争议的网民行为，近年来，“人肉搜索”被网民频频使用，有起正面作用的“天价头”“天价烟”事件，也有起到负面作用的，如“高三女生跳河”事件。这种游走于法律之外的道德“审判”方式，极易诱发网民的“语言暴力”，甚至出现网下骚扰当事人正常生活的行为。

常见问题及解决策略

1．认为转发了网上诽谤言论将被追责

“捏造事实诽谤他人”有两种情况：一是，捏造损害他人名誉的事实，在信息网络上散布，或者组织、指使人员在信息网络上散布的；二是，将信息网络上涉及他人的原始信息内容篡改为损害他人名誉的事实，在信息网络上散布，或者组织、指使人员在信息网络上散布的。明知是捏造的损害他人名誉的事实，在信息网络上散布，情节恶劣的，以“捏造事实诽谤他人”论。其核心强调的是主观故意，如果行为人不明知是他人捏造的虚假事实而在信息网络上发布、转发，就不存在主观故意诽谤他人，即使对被害人的名誉造成了一定的损害，也不构成诽谤罪。

广大网民通过信息网络检举、揭发他人违法违纪行为的，即使检举、揭发的部分内容失实，只要不是故意捏造事实诽谤他人的，或者不属明知是捏造的损害他人名誉的事实而在信息网络上散布的，就不应以诽谤罪追究刑事责任。

2．认为网络中不存在暴力

这是一种错误的认识，网络中不但存在暴力，其对特定对象的危害程度也绝不亚于现实社会中的暴力行为。

网络中的暴力不同于现实生活中拳脚相加、血肉搏斗，而是借助网络虚拟空间用语言文字对当事人进行讨伐与攻击。这些恶语相向的文字，往往是一定规模数量的网民，因网络上发布的一些违背人类公共道德和传统价值观以及触及人类道德底线的事件所发表的言论。这些语言文字刻薄、恶毒甚至残忍，已经超出了对于事件正常评论的范围，不但对事件当事人进行人身攻击、恶意诋毁，更将这种讨伐从虚拟网络转移到现实社会中。

网络暴力的主要表现有：网民对未经证实或已经证实的网络事件，在网上发表具有攻击性、煽动性和侮辱性的失实言论，造成当事人名誉损害；在网上公开当事人现实生活中

的个人隐私，侵犯其隐私权；对当事人及其亲友的正常生活进行行动和言论上的侵扰，致使其人身权利受到损害等。

项目小结

本项目包含两个具体任务。任务一是从侵权案例讨论开始，以讲解网络道德规范为内容，希望借助大量实际案例帮助学习者充分了解提倡网络道德的重要性，该任务对规范学习者的网络行为有指导和帮助作用。任务二则以普遍存在的网络谣言为切入点，讲解网络谣言和诽谤行为的法律制约，明确告诫网民制造网络谣言要负的法律责任。

目前，国内外学者、网络运营商和政府部门对规范网络应用提出了许多要求，归纳后不难发现，其核心是遵纪、守法、文明、健康使用网络。

项目考核

学习任务完成后，可以进行自评、互评和教师点评，形成个人和学习小组任务完成情况总体评价。合作学习评价的内容和要求参见项目一，知识、技能评价的内容和要求如下。

（1）使用网络的基本行为准则。

能够清楚描述使用网络必须遵守的基本行为准则。

（2）行业自律的主要内容。

了解网络行业自律涉及的主要内容，明白行业自律对规范网络秩序的重要性。

（3）处置网络谣言的法律依据。

了解对网络造谣、诽谤、敲诈处罚的法律条款，明白所指网络的涵盖范围。

项目习题

1．单项选择题

（1）网民评选出的“网络十大不文明行为”，不包括（　　）。

A．传播谣言、散布虚假信息　　B．论坛、聊天室侮辱、谩骂

C．网络欺诈行为　　D．不沉溺虚拟时空

（2）《全国青少年网络文明公约》提倡的“五不”不包括（　　）。

A．不沉溺虚拟时空　　B．不随意约会网友

C．不浏览不良信息　　D．不制造有害信息

（3）下面不属于有害信息的是（　　）。

A．网络病毒　　B．造谣信息　　C．案件信息　　D．诈骗信息

（4）与虚拟社会更为接近的概念是（　　）。

A．信息社会　　B．虚假社会　　C．虚构社会　　D．网络社会

2．多项选择题

（1）中国互联网协会抵制网络谣言倡议书包括（　　）。

A．树立法律意识，严格遵守国家和行业主管部门制定的各项法律法规

B．增强社会责任感，履行媒体职责，承担企业社会责任，依法保护网民使用网络的权利

C．坚持自我约束，加强行业自律

D．自觉接受社会监督，设置听取网民意见的畅通渠道

（2）《全国青少年网络文明公约》提倡的“五要”包括（　　）。

A．要善于网上学习　　B．要有益身心健康

C．要增强自护意识　　D．要诚实友好交流

（3）网络行为应坚持的底线包括（　　）。

A．法律法规底线　　B．社会主义制度底线

C．国家利益底线　　D．公民合法权益底线

（4）最高人民法院、最高人民检察院关于办理利用信息网络实施诽谤等刑事案件适用法律若干问题解释中所称的信息网络包括（　　）。

A．计算机互联网　　B．广播电视网

C．固定通信网　　D．移动通信网

3．判断题

（1）不应该窥探别人网上的文件。（　　）

（2）《中国互联网行业自律公约》要求行业自觉维护消费者的合法权益，保守用户信息秘密。（　　）

（3）网络社会以现实社会为存在基础。（　　）

（4）网络暴力是借助网络虚拟空间用语言文字对当事人进行讨伐与攻击。（　　）

（5）一年内多次实施利用信息网络诽谤他人行为未经处理，诽谤信息实际被单击、浏览、转发次数累计计算构成犯罪的，应当依法定罪处罚。（　　）

4．简答题

（1）为什么要以单击和浏览量作为处罚的标准？

（2）中文和英文对虚拟的理解差异，会导致什么问题？

（3）为什么有些地方要叫停“人肉搜索”？

（4）网络对人类身心健康的影响有哪些？使用具体案例进行说明。

（5）网络谣言的危害性有哪些？如何制止网络谣言？

5．实训题

根据教材中给出的不道德网络行为案例和课程讨论结果写课后感，其中应包括对案例事件的认识、自己遇到的不文明网络行为、对自己网络行为的反思和以后的打算等。

项目 11

网络法律

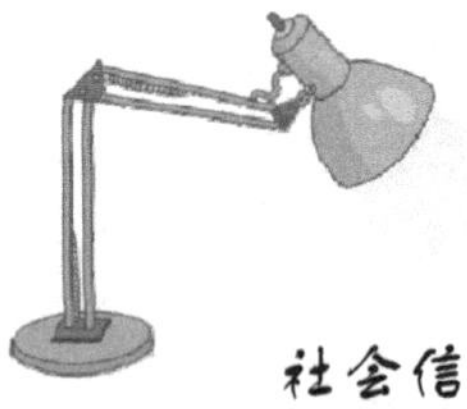

社会信息化，提高了信息、信息系统、网络系统在国家安全、社会稳定、经济建设中的作用和地位，而网络关系的调整和规范，也随之成为社会迫切需要的重要内容，为此信息网络系统安全保护的法律规范应运而生，并逐渐扩展形成完整的法律规范体系，以适应信息化社会有序发展的要求。

项目目标

（1）了解法律意义上的网络犯罪，强化信息社会责任。

（2）了解遭受犯罪危害后的处置方法，提高处置危害的能力。

（3）了解网络不当行为的法律后果，增强法制意识。

（4）了解网络安全保护的法律体系，提升法律应用能力。

（5）了解网络犯罪危害，深刻理解“网络安全为人民，网络安全靠人民”。

任务 11.1　认识网络犯罪

网络犯罪是一种特有的犯罪现象，是以网络为工具或为对象的犯罪，也是网络普及后必然出现的犯罪形式。随着网络应用领域不断扩大，各种传统犯罪也在借助网络平台翻新花样。有人说，除了面对面实施的犯罪，网络已承载了所有的传统犯罪形式。正是因为如此，生活在信息社会的人们有必要全面认识网络犯罪。

案例 21：盗窃网上银行基金案

2009 年 8 月 26 日，大庆市公安局网络警察支队接王某报警，称其建设银行卡内 6 万元基金全部被盗走。

接报后，网警支队立即组织警力展开调查。经查，嫌疑人先盗窃了王某网上银行密码，之后利用建设银行中小额汇款所需密码与网上银行密码相同的漏洞，将王某网上银行内 6 万元基金分 8 次赎回，然后通过淘宝网多个店铺，以 50 元～500 元不等进行手机充值，分批次将网银中的现金全部提走。通过对受害人王某的网上银行进行深入分析，网警支队确立了工作原则，并迅速抓获网名为“非诚勿扰”的犯罪嫌疑人张某。经审讯，张某交代了犯罪事实。因股市下跌，张某盗窃的 6 万元基金实际赎回市值为 3.8 万元，然后与网上淘宝店主黄某以二八分成方式，分多次将受害人网银赎回的基金全部为他人进行手机充值，共非法获利 2.8 万余元。等待张某、黄某的将是严厉的法律制裁。

任务活动

1．教师展示网络犯罪案例，讲解案例涉及的专业术语和知识

（1）介绍网络警察和网警职责。

（2）讲解犯罪、网络犯罪和网络犯罪罪名等内容。

2．网络犯罪案例收集

学生自主分组并充分利用网络资源进行网络犯罪案例收集，小组活动结束后应形成以下成果：

（1）收集到若干个网络犯罪的真实案例。

（2）一份简单的网络犯罪案例分析报告。

（3）简短的小组活动总结。

3．网络犯罪问题讨论

根据对教材展示案例和自己收集案例的讨论结果，分组发言表达各组对网络犯罪问题的看法，最终形成对网络犯罪较为统一的认识。可以围绕以下问题展开讨论：

（1）网络犯罪数量持续上升说明什么？

（2）犯罪案例中的行为人实施的犯罪行为有哪些危害？

（3）网络中的犯罪行为会受到什么惩罚？

（4）从犯罪案例中能够得到什么启示？

知识链接

网络犯罪与经济犯罪、金融犯罪一样，是人们习惯性对与网络有关犯罪的一种称谓，不是刑法意义上的罪名，而是犯罪学的概念。关于网络犯罪的定义有多种说法，具有法律意义的定义应源自国家的法律法规。

1．犯罪的基本特征与网络犯罪

（1）犯罪的基本特征。

确认犯罪是追究刑事责任的前提，了解犯罪的基本特征，有助于分清罪与非罪。

社会危害性是犯罪最本质、最具有决定意义的特征。所谓社会危害性，是指对国家和社会大众的利益造成危害。在信息活动中的主要表现是，对国家政治、军事、尖端科技等信息系统的危害，利用信息系统实施诈骗、贪污、破坏公共信息基础设施，蓄意制造、传播计算机病毒，等等。行为人内在的主观意愿或思想，已经表现为客观的外在行动，造成了对社会的危害。

刑事违法性是指该行为在《刑法》中被明令禁止。在社会活动中，各种危害社会行为的轻重程度不同，有的仅属于伦理道德范畴。根据对于社会危害的性质和程度，以及行为人的主观因素，国家考虑到国情、社情和民情的需要，有选择地把危害社会的行为规定为违反刑事法律的行为，并在《刑法》中列出。因此，危害社会是犯罪的充分条件，触犯刑法是犯罪的必要条件，即犯罪必定违法，违法不一定犯罪。

刑罚惩罚性是指行为后果。危害社会的行为只有达到应当受到刑罚处罚的严重程度，才是犯罪。刑事法律责任和刑罚有着密切关系，刑事责任是犯罪人在社会和国家面前承担的责任，是刑罚的前提，责任大小决定刑罚的轻重，因此刑罚只是刑事责任的结果。刑罚是对违法行为的社会危害程度的评断，应当受到刑罚惩罚，不仅是社会危害性和违法性的法律后果，更是犯罪行为本身所具有的属性，是犯罪不可缺少的一个独立特征。

需要强调的是，免于刑罚惩罚不等于其行为不具有应当受到刑罚惩罚的特征，恰恰相反，犯罪行为应当受到刑罚惩罚，正是免除刑罚惩罚的基本前提。免于刑罚惩罚，仅仅是对于犯罪行为的一种处理方法，刑罚处罚虽免，其行为仍属于犯罪。

社会危害性是刑事违法性和应受惩罚性的基础，刑事违法性和应受惩罚性是社会危害性在刑事法律上的表现。三者是相互联系、彼此依存、辩证统一的整体。

（2）网络犯罪。

有人认为，网络犯罪就是行为主体以计算机或网络技术、通信技术等手段为犯罪工具或攻击对象，在网络环境实施的，故意侵害或威胁法律所保护的利益的行为。基于这种定义可以发现，网络犯罪在行为方式上包括以计算机网络为犯罪工具和以计算机网络为攻击对象两种；在行为性质上包括网络一般违法行为和网络严重违法，即犯罪行为有两种。

有人认为以上界定过于宽泛，不利于深入研究网络犯罪，更加细化的关于网络犯罪的界定将其分为 3 种类型。第一，以网络为工具进行的各种犯罪活动；第二，以网络为攻击目标进行的犯罪活动；第三，使用网络并依托其为获利途径、机制或来源的犯罪活动。第一种以网络为犯罪手段和工具，可称之为网络工具犯。后两种类型均以网络为行为对象，称其为网络对象犯。它包含着以网络为获利途径、机制或来源的犯罪行为和以网络为侵害对象的犯罪行为，分别称为网络用益犯和网络侵害犯。

审视网络犯罪有两种视角：一种是虚拟视角；一种是物理视角。以虚拟视角看，网络空间被视为一种不同于现实社会空间的虚拟空间，网络犯罪是发生于网络环境中的一种新的犯罪模式。而以物理视角看，网络仅是世界各地的计算机通过数据链路连接而成的一种网络系统，网络犯罪是行为人利用或者针对网络系统实施的犯罪行为，其犯罪形态和模式既与传统犯罪相类似，也存在着差异。网络犯罪可以笼统地指称行为主体运用计算机技术，借助于网络对系统或信息终端进行攻击、破坏或利用网络进行其他犯罪，既包括行为主体运用其编程、加密、解码、翻墙技术或工具在网络上实施的犯罪，也包括行为主体利用软件指令、网络系统、数据恢复或产品加密、解密等技术及法律规定上的漏洞在网络内外交互实施的犯罪，还包括行为主体借助于其居于网络服务管理者、提供者的优势地位、特定角色或其他方法在网络系统实施的犯罪形态。简言之，网络犯罪是针对和利用网络进行的犯罪，分别指明了网络犯罪的对象特征和工具特征，共同阐释了网络犯罪的存在特征，即犯罪的全部行为或至少是部分行为与网络具有发生、进行或终止的相关性，网络存在性是网络犯罪的直观表征，其本质特征是危害网络及其信息、终端的安全与秩序。

2. 网络犯罪行为的主要类型

基于刑法的网络犯罪是指利用网络系统或网络知识手段，对网络信息系统，或对国家、团体、个人造成危害的行为，依据法律规定，应当予以刑罚处罚。网络犯罪行为主要被划分为以下类型。

（1）危害互联网运行安全。

危害互联网运行安全的犯罪行为主要有以下 3 种。

① 侵入国家事务、国防建设、尖端科学技术领域的计算机信息系统。

② 故意制作、传播计算机病毒等破坏性程序，攻击计算机系统及通信网络，致使计算机系统及通信网络遭受损害。

③ 违反国家规定，擅自中断计算机网络或者通信服务，造成计算机网络或者通信系统不能正常运行。

（2）危害国家安全和社会稳定。

危害国家安全和社会稳定的犯罪行为主要有以下 4 种。

① 利用互联网造谣、诽谤或者发表、传播其他有害信息，煽动颠覆国家政权、推翻社会主义制度，或者煽动分裂国家、破坏国家统一。

② 通过互联网窃取、泄露国家秘密、情报或者军事秘密。

③ 利用互联网煽动民族仇恨、民族歧视，破坏民族团结。

④ 利用互联网组织邪教组织、联络邪教组织成员，破坏国家法律、行政法规实施。

（3）危害社会主义市场经济秩序和社会管理秩序。

危害社会主义市场经济秩序和社会管理秩序的犯罪行为主要有以下 5 种。

① 利用互联网销售伪劣产品或者对商品、服务进行虚假宣传。

② 利用互联网损害他人商业信誉和商品声誉。

③ 利用互联网侵犯他人知识产权。

④ 利用互联网编造并传播影响证券、期货交易或者其他扰乱金融秩序的虚假信息。

⑤ 在互联网上建立淫秽网站、网页、提供淫秽站点链接服务，或者传播淫秽书刊、影片、音像、图片。

（4）侵害个人、法人和其他组织的人身、财产等合法权利。

侵害个人、法人和其他组织的人身、财产等合法权利的犯罪行为主要有以下 3 种。

① 利用互联网侮辱他人或者捏造事实诽谤他人。

② 非法截获、篡改、删除他人电子邮件或者其他数据资料，侵犯公民通信自由和通信秘密。

③ 利用互联网进行盗窃、诈骗、敲诈勒索。

（5）其他危害行为。

利用互联网实施其他构成犯罪的行为，主要是指以上 4 类网络犯罪行为还没有包括进去的犯罪行为。随着网络经济和网络技术的发展，网络犯罪也将出现新的形式。

3．安全事件报告制度

安全事件报告制度，是计算机网络安全治理工作的基本内容，也是全社会群策群力综合治理计算机网络安全的集中表现。所谓计算机网络安全事件，主要指危害计算机网络系统安全的事故和违法、犯罪案件。

《计算机信息系统安全保护条例》规定：“对计算机信息系统中发生的案件，有关使用单位应当在 24 小时内向当地县级以上人民政府公安机关报告。”这里强调危害计算机信息系统的违法犯罪“案件”必须及时报告。

由于危害计算机网络系统安全的行为包含较多的技术含量，判定违法犯罪存在技术难题，所以，建议在发生不明原因的安全事件后，要及时向当地公安机关网络安全监察部门报告。不论是一般的安全事件，还是违法犯罪案件，及时报告将有助于尽快制约、制止危害事件的事态，使受到的损失尽可能地降低到最低限度。

在安全事件发生后，用户应妥善保护现场，可以根据实际应用情况确定应急措施，在不影响网络安全的前提下，应尽量保持原有的运行环境。

公安机关接到报告后，应及时赶赴现场，在应用单位的配合下完成现场勘验工作，并决定下一步的工作思路。

一个单位的安全事件可能是孤立的，但公安机关汇总多起孤立案件后，可能从中发现问题，获取网络安全保护的社会宏观态势，便于及时采取对策，为计算机网络安全应用创造良好的社会环境。

4. 案件管辖

明确案件管辖权限既可以避免出现盲目举报，也可以提高涉网犯罪查处的工作效率。

涉网案件不一定都是刑事案件，不同案件管理归属不同部门，即便是刑事案件也需要明确管辖权。公安部制定的《公安机关办理刑事案件的程序规定》，是解决案件管辖的重要依据。

其中第 15 条规定：刑事案件由犯罪地的公安机关管辖。如果由犯罪嫌疑人居住地的公安机关管辖更为适宜的，可以由犯罪嫌疑人居住地的公安机关管辖。所谓犯罪地，是指犯罪事实发生的地区（或场所），通常包括犯罪行为实行地（又称行为地）和犯罪结果发生地（又称结果地）。涉网犯罪的立案侦查交由犯罪地公安机关，有利于证据收集。

涉网犯罪的特殊性可能造成数个公安机关都具有管辖权，因此对出现的多管辖情况必须进行变通处理。第 16 条规定：几个公安机关都有权管辖的刑事案件，由最初受理的公安机关管辖。必要时，可以由主要犯罪地的公安机关管辖。所谓主要犯罪地，是指数罪或多次犯罪的主罪发生地。由此可以确定，最初受理案件的公安机关能够担任涉网案件侦办任务，但是，最初受理单位若很难查清主要犯罪事实，或即使查清也可能延误时间，可交由主要犯罪地的公安机关立案侦查。

任务拓展：了解电子数据证据

电子数据证据与电子数据取证目前都没有非常确切的定义，一般来说，可从广义和狭义两个角度定义。广义的电子数据证据是指以电子形式存在的，用作证据使用的一切材料及其派生物，或者说，借助电子设备而形成的一切证据。狭义的电子数据证据是指数字化信息设备中存储、处理、传输、输出的数字化信息形式的数据，此概念突出“数字化”。电子数据证据主要来源于各类电子设备，包括计算机主机系统、网络及其他数字设备三个方面。主机系统中主要包括各种系统日志和用户自建的文档；网络中包括网络实时数据包和网络设备中的日志；其他数字设备是指能够存储电子数据的掌上电脑、读卡器、数码相机、手机等电子设备。

随着世界范围内各种针对电子数据取证的司法实践不断增多，电子数据的获取方法也越来越多。

以证据来源为标准，可分为主机取证、网络取证和相关设备取证；以信息获取时潜在证据的特征为标准，可分为静态信息取证和动态信息取证；以信息获取的时间为标准，可分为事后信息取证和事前信息取证；以调查人员是否需要到现场为标准，可分为现场取证和远程取证。此外，对电子数据取证还可以从现场勘验、证据保全、数据恢复、密码破解、网络通缉、人肉搜索等角度进行。

在上面的分类中，静态信息获取是收集存储在未运行的计算机系统、电子设备和未使用的存储器或独立的磁盘（光盘）等媒介上的静态信息，这些信息不会随着电源的切断而消失；动态信息获取是收集切断电源后会消失的各类易失性数据，例如，系统运行的进程信息、内存数据、网络状态信息、网络数据包、屏幕截图和交换文件拷贝等；远程信息获取是指通过网络等形式远程连接，从正在运行的系统中获取电子数据的方式。

常见问题及解决策略

1. 认为刑法中没有明文禁止的行为都可以做

这绝对是一种错误的认识，刑法中的规定是认定犯罪的条款，违反刑法的行为是犯罪行为，犯罪行为当然是绝对禁止的行为，但是，这绝不意味着刑法禁止以外的行为都是正确的行为。

第一，刑法有滞后性，有些具有社会危害性的行为是随着社会发展显现的，并没有被及时纳入刑法，可能一时没有办法以刑法为标准认定为犯罪，但这绝不意味着有危害性的行为是可行的行为。

第二，某些社会危害性轻微的行为也没有被纳入刑法，但具有轻微危害性的行为也有悖于社会伦理道德，也是被社会所唾弃的行为。所以，人们的一切活动应坚持法律底线，也要坚持道德底线。

2. 网络犯罪跟自己没有任何关系

认为网络犯罪与自己没有关系，可能出于自己不会从事网络犯罪勾当这一基本想法。但是，自己不会进行网络犯罪，并不意味着网络犯罪行为不会危害到你。

随着计算机网络的迅速普及，我们所有人都要和网络打交道，我们的个人信息也普遍存在于网络中，网络中出现的犯罪活动或多或少、直接或间接地会影响到我们。网络攻击致使网络瘫痪会影响我们正常的网络生活，信息被盗可能导致我们的个人隐私泄露，诸如此类问题是信息社会每个人都必须面对的基本问题，所以，应该说网络中出现的犯罪活动和所有网络使用者都有关系，我们都应该为打击网络犯罪、维护网络秩序出力。

任务 11.2　了解网络法律

在网络活动中会产生各种社会关系，这些关系也需要调整和规范，这就是信息网络立法的基本依据。反过来，网络法律的建立、完善，必将促进社会信息化的健康发展。

1986 年，深圳发生了中国第一例计算机犯罪案件。之后类似案件的数量急剧上升，这一社会现象提示司法工作者，应尽快形成结构严谨的网络安全法律规范体系，以适应社会发展变化的客观实际，使人类社会网络应用有序、健康发展。经过数年的完善和发展，中国已经建立了条款相对独立，内容相互补充的完整法律体系，基本上能有效调整和规范信息社会的新型社会关系。

案例 22：徐某故意制作、传播破坏性程序案

被告人徐某，男，1978 年 4 月出生。因涉嫌破坏计算机信息系统罪于 2005 年 1 月 11 日被刑事拘留，同年 2 月 4 日被逮捕。

被告人徐某利用 QQ 尾巴等程序在互联网上传播其编写的 ipxsrv.exe 程序，先后植入 40000 余台计算机，形成 Bot Net 僵尸网络。2004 年 10 月至 2005 年 1 月，被告人徐某操纵僵尸网络对北京某电子商务有限公司所属音乐网站，发动多次 DDoS 攻击，致使该公司遭受重大经济损失，并且影响北京电信数据中心皂君庙机房网络设备及用户，造成恶劣的社会影响。经计算机病毒防治产品功能测试机构鉴定，ipxsrv.exe 程序为破坏性程序。

经人民法院审理认为：被告人徐某故意制作、传播破坏性程序，影响计算机系统正常运行，后果严重，其行为已构成破坏计算机信息系统罪。依照刑法第二百八十六条第一、三款、第六十四条之规定，判决如下：

一、被告人徐某犯破坏计算机信息系统罪，判处有期徒刑一年零六个月。

二、随案移送作案工具索尼笔记本电脑一台、DNS 服务器一台、U 盘一个，依法没收。

任务活动

1. 教师展示案例，讲解案例涉及的专业术语和知识

（1）讲解相关的法律法规和规章等内容。

（2）讲解现有法律体系仍可能存在的问题。

2. 网络法律应用案例收集

学生自主分组并充分利用网络资源进行网络法律应用案例收集，小组活动结束后应形成以下成果。

（1）收集到若干个网络法律应用的真实案例。

（2）撰写一份简单的网络法律应用案例分析报告。

（3）简述一段简短的小组活动总结。

3. 网络法律应用案例及相关问题讨论

根据对教材展示案例和自己收集案例的讨论结果，分组发言表达各组对网络法律应用问题的看法，讨论现有的网络安全保护法律法规对网络应用的保护作用，最终形成对网络法律问题较为统一的认识。可以围绕以下问题展开讨论：

（1）网络安全保护的法律法规从哪些方面有效遏制了网络犯罪的发生？

（2）现行的法律法规在哪些方面存在漏洞？

（3）法律法规之间存在冲突，该如何解决？

（4）新出的法律法规有哪些变化？

知识链接

自1994年我国开始了计算机网络立法活动，到目前为止，已基本形成了较为完整的法律体系。关于网络安全保护的刑事立法可以归纳为以刑法典为中心，辅之以单行刑法、行政法规、司法解释、行政规章及其他规范性文件的框架体系。目前，我国惩治危害网络安全犯罪的现行规范性文件主要有以下几类。

1. 法律类

《中华人民共和国刑法》（1997年3月14日全国人民代表大会修订，同年10月1日起施行）；

《全国人大常务委员会关于维护互联网安全的决定》（2000年12月28日第9届全国人民代表大会常务委员会第十九次会议通过）；

《中华人民共和国治安管理处罚法》（2005年8月28日第9届全国人民代表大会常务委员会第十七次会议通过，2006年3月1日起施行）；

《中华人民共和国网络安全法》（全国人民代表大会常务委员会于2016年11月7日发布，自2017年6月1日实行）；

《中华人民共和国数据安全法》（全国人民代表大会常务委员会于2021年6月10日通过，自2021年9月1日起施行）；

《中华人民共和国个人信息保护法》（全国人民代表大会常务委员会于2021年8月20日通过，自2021年11月1日起施行）。

2. 行政法规类

《中华人民共和国计算机信息系统安全保护条例》（1994年2月18日国务院发布并施行）；

《中华人民共和国计算机信息网络国际联网管理暂行规定》（1996年2月1日国务院发布并施行，根据1997年5月20日《国务院关于〈中华人民共和国计算机信息网络国际联网管理暂行规定〉的决定》修正）；

《中华人民共和国电信条例》（2000年9月25日国务院发布并施行）；

《互联网信息服务管理办法》（2000年9月25日国务院发布并施行）。

3. 司法解释类

《关于审理扰乱电信市场管理秩序案件具体应用法律若干问题的解释》（2000年5月12

日最高人民法院发布，2000 年 5 月 24 日起施行）；

《最高人民法院、最高人民检察院关于办理利用互联网、移动通信设备、声讯台制作、复制、出版、贩卖、传播淫秽电子信息刑事案件具体应用法律若干问题的解释》（2004 年 9 月 6 日起施行）；

《最高人民法院、最高人民检察院关于办理利用信息网络实施诽谤等刑事案件适用法律若干问题的解释》（2013 年 9 月 10 日起施行）；

《最高人民法院关于审理使用人脸识别技术处理个人信息相关民事案件适用法律若干问题的规定》（2021 年 8 月 1 日起施行）。

4．行政规章类

《计算机信息网络国际联网出入口信道管理办法》（1996 年 4 月 9 日原邮电部发布并施行）；

《计算机信息网络国际联网安全保护管理办法》（1997 年 12 月 11 日国务院批准，1997 年 12 月 30 日公安部发布并施行）；

《中华人民共和国计算机信息网络国际联网管理暂行规定实施办法》（1998 年 2 月 13 日国务院信息化工作领导小组发布并施行）；

《计算机信息系统国际联网保密管理暂行规定》（1998 年 2 月 26 日国家保密局发布并施行）；

《计算机信息系统国际联网保密管理规定》（国家保密局发布并施行，2000 年 1 月 1 日起施行）；

《计算机病毒防治管理办法》（2000 年 4 月 26 日公安部发布并施行）；

《互联网电子公告服务管理规定》（2000 年 11 月 7 日信息产业部发布并施行）；

《互联网站从事登载新闻业务管理暂行规定》（2000 年 11 月 7 日国务院新闻办公室、信息产业部发布并施行）；

《互联网 IP 地址备案管理办法》（2005 年 3 月 20 日信息产业部发布并施行）；

《互联网著作权行政保护办法》（2005 年 5 月 30 日国家版权局、信息产业部发布并施行）；

《电子认证服务管理办法》（2005 年 4 月 1 日信息产业部发布并施行）；

《即时通信工具公众信息服务发展管理暂行规定》（2014 年 8 月 7 日国信办发布并施行）。

5．网络安全等级保护 2.0 主要标准

国家市场监督管理总局和国家标准化管理委员会相继颁布了多个网络安全等级保护技术标准，建立了完整的网络安全等级保护体系。

《信息安全技术 网络安全等级保护测评过程指南》（GB/T 28449—2018）

《信息安全技术 网络安全等级保护测评机构能力要求和评估规范》（GB/T 36959—

2018）

《信息安全技术 网络安全等级保护基本要求》（GB/T 22239—2019）

《信息安全技术 网络安全等级保护测评要求》（GB/T 28448—2019）

《信息安全技术 网络安全等级保护安全设计技术要求》（GB/T 25070—2019）

《信息安全技术 网络安全等级保护定级指南》（GB/T 22240—2020）

任务拓展：了解网络行为的法律责任

1. 法律责任的概念

（1）网络安全保护刑事责任的基本概念。

网络安全保护的刑事责任，是指在涉及计算机网络的活动中，网络关系的主体实施了违反刑事法律规范所禁止的行为，或者没有履行刑事法律规范强制性的应尽义务，依据刑事法律规范所应当承担的法律责任。

刑事责任的实质，是一种刑事法律关系，犯罪是形成刑事责任的基础。

（2）行政法律责任的基本概念。

行政法律规范是调整行政关系的法律规范的总称，行政关系经行政法律规范确认，就行政法律规范所确认的权利和义务，该业务领域的主管行政机关，依据行政法律规范，对违反行政法律规范的，确认相应的应当承担的行政法律责任，这就是行政法律关系。也可以说，所谓行政法律责任，是指行政法律关系主体由于违反行政法律规范所规定的义务而构成行政违法，或者部分的行政不当而依法承担的法律责任。

行政法律规范所规定履行的义务，大体上分两类：不必强制履行的各种应尽义务和强制履行的义务。《计算机信息系统安全保护条例》规定，计算机房应当符合国际标准和国家有关规定，计算机用户对这一规定义务的履行，是根据实际情况有选择的逐步实现。若计算机用户接到公安机关要求改进计算机信息系统安全状况的通知，就必须在规定的期限内，达到改进的要求，否则，要受到行政处罚，这种处罚是强制的。行政法律责任指的就是后一种强制履行的义务，也称狭义的义务。

（3）民事法律责任的概念。

民事法律规范调整的社会关系为民事法律关系，民事法律关系包含民事权利和民事义务两个方面。

民事权利是指在民事法律关系中，法律赋予民事主体对于某一行为的作为或不作为的可能性。民事义务是指民事主体按照法律或者他人的要求，对于某一行为的作为或不作为的必要性。在具体的民事法律中，民事权利和民事义务是相互对应的、不可分的，一方享有某种民事权利，另一方必须承担相应的义务，没有一方的权利，就没有另一方的义务。如果民事主体不履行其义务，必然影响其他民事主体的权利实现，破坏民事活动领域的法律秩序。因此，有必要在法律中对民事主体违反民事义务应承担相应的法律后果做出规定，这些规定即为民事法律责任规定。

民事法律责任的构成要件是：行为人主观上有过错、行为人有民事违法性、行为人具有法律责任能力。

2. 网络应用中的法律责任

（1）刑事法律责任。

《刑法》和《全国人民代表大会常务委员会关于维护互联网安全的决定》中关于计算机网络犯罪的直接或间接条款警示我们，在计算机网络活动中实施危害行为可能承担刑事责任，必须引起高度重视。

《刑法》第二百八十五条规定：违反国家规定，侵入国家事务、国防建设、尖端科学技术领域的计算机信息系统的，处三年以下有期徒刑或者拘役。

《刑法》第二百八十六条规定：违反国家规定，对计算机信息系统功能进行删除、修改、增加、干扰，造成计算机信息系统不能正常运行，后果严重的，处五年以下有期徒刑或者拘役；后果特别严重的，处五年以上有期徒刑。

违反国家规定，对计算机信息系统中存储、处理或者传输的数据和应用程序进行删除、修改、增加的操作，后果严重的，依照前款规定处罚。

故意制作、传播计算机病毒等破坏性程序，影响计算机系统正常运行，后果严重的，依照第一款规定处罚。

《刑法》第二百八十七条规定：利用计算机实施金融诈骗、盗窃、贪污、挪用公款、窃取国家秘密或者其他犯罪的，依照本法有关规定定罪处罚。

《刑法》第二百一十七条规定：以营利为目的，有下列侵犯著作权情形之一，违法所得数额较大或者有其他严重情节的，处三年以下有期徒刑或者拘役，并处或者单处罚金；违法所得数额巨大或者有其他特别严重情节的，处三年以上七年以下有期徒刑，并处罚金。

未经著作权人许可，复制发行其文字作品、音乐、电影、电视、录像作品、计算机软件及其他作品的。

《刑法》第二百九十五条规定：传授犯罪方法的，处五年以下有期徒刑、拘役或者管制；情节严重的，处五年以上有期徒刑；情节特别严重的，处无期徒刑或者死刑。

《刑法》第一百二十四条规定：破坏广播电视设施、公用电信设施，危害公共安全的，处三年以下有期徒刑；造成严重后果的，处七年以上有期徒刑。

过失犯前款罪的，处三年以上七年以下有期徒刑，情节较轻的，处三年以下有期徒刑或者拘役。

《刑法修正案（七）》的第七条规定：在刑法第二百五十三条后增加一条，作为第二百五十三条之一：“国家机关或者金融、电信、交通、教育、医疗等单位的工作人员，违反国家规定，将本单位在履行职责或者提供服务过程中获得的公民个人信息，出售或者非法提供给他人，情节严重的，处三年以下有期徒刑或者拘役，并处或者单处罚金。

窃取或者以其他方法非法获取上述信息，情节严重的，依照前款的规定处罚。单位犯前两款罪的，对单位判处罚金，并对其直接负责的主管人员和其他直接责任人员，依照各该款的规定处罚。”

《刑法修正案（七）》的第九条规定，在刑法第二百八十五条中增加两款作为第二款、第三款：“违反国家规定，侵入前款规定以外的计算机信息系统或者采用其他技术手段，获取该计算机信息系统中存储、处理或者传输的数据，或者对该计算机信息系统实施非法控制，情节严重的，处三年以下有期徒刑或者拘役，并处或者单处罚金；情节特别严重的，处三年以上七年以下有期徒刑，并处罚金。

提供专门用于侵入、非法控制计算机信息系统的程序、工具，或者明知他人实施侵入、非法控制计算机信息系统的违法犯罪行为而为其提供程序、工具，情节严重的，依照前款的规定处罚。”

（2）行政法律责任。

违反计算机网络系统安全保护行政法规规定，主要是指违反有关计算机网络系统安全保护的法律、行政法规，以及地方性行政法规所规定的应负法律责任的内容。在相关的法规中有许多法律责任的条目，这里仅列出很少的一部分，旨在提醒计算机网络用户遵纪守法，否则，将要承担相应的法律责任。

《计算机信息系统安全保护条例》第二十条规定：违反本条例的规定，有下列行为之一的，由公安机关处以警告或者停机整顿：

（一）违反计算机信息系统安全等级保护制度，危害计算机信息系统安全的；

（二）违反计算机信息系统国际联网备案制度的；

（三）不按照规定时间报告计算机信息系统中发生的案件的；

（四）接到公安机关要求改进安全状况的通知后，在限期内拒不改进的；

（五）有危害计算机信息系统安全的其他行为的。

《计算机信息网络国际联网安全保护管理办法》第二十条规定：违反法律、行政法规，有本办法第五条、第六条所列行为之一的，由公安机关给予警告，有违法所得的，没收违法所得，对个人可以并处五千元以下的罚款，对单位可以并处一万五千元以下的罚款；情节严重的，并可以给予六个月以内停止联网、停机整顿的处罚，必要时可以建议原发证、审批机构吊销经营许可证或者取消联网资格；构成违反治安管理行为的，依照治安管理处罚法的规定处罚；构成犯罪的，依法追究刑事责任。

《计算机信息网络国际联网安全保护管理办法》第二十一条规定：有下列行为之一的，由公安机关责令限期改正，给予警告，有违法所得的，没收违法所得；在规定的限期内未改正的，对单位的主管负责人员和其他直接责任人员可以并处五千元以下的罚款，对单位可以并处一万五千元以下的罚款；情节严重的，并可以给予六个月以内的停止联网、停机整顿的处罚，必要时可以建议原发证、审批机构吊销经营许可证或者取消联网资格。

（一）未建立安全保护管理制度的；

（二）未采取安全保护技术措施的；

（三）未对网络用户进行安全教育和培训的；

（四）未提供安全保护管理所需信息、资料及数据文件，或者所提供内容不真实的；

（五）对委托其发布的信息内容未进行审核或者对委托单位和个人未进行登记的；

（六）未建立电子公告系统的用户登记和信息管理制度的；

（七）未按照国家有关规定，删除网络地址、目录或者关闭服务器的；

（八）未建立公用账号使用登记制度的；

（九）转借、转让用户账号的。

（3）民事法律责任。

《计算机信息系统安全保护条例》中的“应当依法承担民事责任”是相关民事法律责任的原则性规定，也是对各种违反民事义务行为的概括性规定，满足民事法律责任构成要件的民事行为的行为人都要承担民事责任。一些具体的限制行为，在相关的法律法规中也有明确规定。

《中华人民共和国著作权法》第四十六条规定：有下列侵权行为的，应当根据情况，承担停止侵害、消除影响、赔礼道歉、赔偿损失等民事责任：

（八）未经电影作品和以类似摄制电影的方法创作的作品、计算机软件、录音录像制品的著作权人或者与著作权有关的权利人许可，出租其作品或者录制录像作品的，本法另有规定的除外；

《中华人民共和国著作权法》第四十七条规定：有下列侵权行为的，应当根据情况，承担停止侵害、消除影响、赔礼道歉、赔偿损失等民事责任；

（一）未经著作权人许可，复制、发行、表演、放映、广播、汇编、通过信息网络向公众传播其作品的，本法另有规定的除外；

（三）未经表演者许可，复制、发行录有其表演的录音录像制品，或者通过信息网络向公众传播其表演的，本法另有规定的除外；

（四）未经录音录像制作者许可，复制、发行、通过信息网络向公众传播其制作的录音录像制品的，本法另有规定的除外；

（五）未经著作权人或者与著作权有关的权利人许可，故意避开或者破坏权利人为其作品、录音录像制品等采取的保护著作权或者与著作权有关的权利的技术措施的，法律、行政法规另有规定的除外；

（六）未经著作权人或者著作权有关的权利人许可，故意删除或者改变作品、录音录像制品等的权利管理电子信息的，法律、行政法规另有规定的除外。

常见问题及解决策略

1．中国没有隐私权法，所以不存在隐私保护问题

中国没有单独的隐私权法，并不意味着中国没有隐私保护条款，在中国的《民法通则》

《治安管理处罚法》《侵权责任法》《民事诉讼法》《刑事诉讼法》《网络安全法》《个人信息保护法》等法律中都有保护公民隐私权的条款，所以，侵犯公民隐私权处罚完全有法可依。

2. 在网上发表言论是我的自由，别人没有权利过问

在网上发表言论确实是个人的自由，国家也有保护公民言论自由的法律条款，但是这种自由应该建立在不伤害别人的基础之上。对于伤害到国家和他人利益的行为，在任何国家也不会以言论自由为借口受到法律保护。因此，作为一个有道德底线的网民，文明、自律、守法是网上自由言论的基础。

项目小结

本项目有两个任务，任务 11.1 从网络中的违法犯罪案例讨论开始，帮助学习者全面了解网络犯罪问题。任务 11.2 则以介绍网络安全保护法律知识和法制理念为过程，以懂法守法为目的，全面提高学习者的法治理念。

网络犯罪是指利用网络系统或以网络知识作为手段，对网络信息系统或对国家、团体、个人造成危害的行为，依据法律规定，应当予以刑罚处罚。网络应用环境中发生的有关案件，有关使用单位应当在 24 小时内向当地县级以上人民政府公安机关报告。

网络使用者应合法使用网络，不当行为可能需要承担相应的刑事责任、行政法律责任或民事法律责任。

现在，中国基本形成的法律体系，可以简单归纳为以刑法典为中心，辅之以单行刑法、行政法规、司法解释、行政规章及其他规范性文件的框架体系。

项目考核

学习任务完成后，可以进行自评、互评和教师点评，形成个人和学习小组任务完成情况总体评价。合作学习评价的内容和要求参见项目 1，知识、技能评价的内容和要求如下。

（1）使用网络的基本行为准则。

能够清楚描述使用网络必须遵守的基本行为准则。

（2）行业自律的主要内容。

了解网络行业自律涉及的主要内容，明白行业自律对规范网络秩序的重要性。

（3）处置网络谣言的法律依据。

了解对网络造谣、诽谤、敲诈处罚的法律条款，明白所指网络的涵盖范围。

（4）网络法律体系。

了解中国现行的网络安全保护法律体系，明白相关法律对网络安全的保护作用。

（5）网络应用中可能承担的法律责任。

了解网络应用中的不当行为可能要承担的法律责任。

项目习题

1. 单项选择题

（1）最早发生、发现计算机犯罪的国家是（　　）。

A. 中国　　B. 美国　　C. 日本　　D. 英国

（2）中国深圳在（　　）年发生了中国第一例计算机犯罪案件。

A. 1986　　B. 1987　　C. 1988　　D. 1989

（3）我国颁布的第一个计算机安全法规是（　　）。

A.《中华人民共和国刑法》

B.《中华人民共和国电信条例》

C.《中华人民共和国计算机信息网络国际联网管理暂行规定》

D.《中华人民共和国计算机信息系统安全保护条例》

（4）对有害数据的防治管理者是（　　）。

A. 公安机关　　B. 信息受众　　C. 应用主管　　D. 行业协会

（5）不属于 2021 年施行的法律是（　　）。

A.《中华人民共和国刑法修正案（十一）》

B.《中华人民共和国数据安全法》

C.《中华人民共和国个人信息保护法》

D.《中华人民共和国网络安全法》

2. 多项选择题

（1）行为规范包括（　　）。

A. 社会规范　　B. 法律规范　　C. 知识规范　　D. 技术规范

（2）犯罪的基本特征有（　　）。

A. 社会危害性　　B. 危害严重性　　C. 刑罚惩罚性　　D. 刑事违法性

（3）利用信息网络危害国家安全和社会稳定的犯罪行为主要有（　　）。

A. 利用互联网煽动民族仇恨、民族歧视，破坏民族团结

B. 通过互联网窃取、泄露国家秘密、情报或者军事秘密

C. 利用互联网组织邪教组织、联络邪教组织成员，破坏国家法律、行政法规实施

D. 利用互联网编造并传播影响证券、期货交易或者其他扰乱金融秩序的虚假信息

（4）行政法律责任的特点有（　　）。

A. 相互性　　B. 多元性　　C. 多重性　　D. 时效性

（5）民事法律责任的构成要件有（　　）。

A．行为人主观上有过错　　B．行为人有民事违法性

C．行为人具有法律责任能力　　D．享有民事权利

3．判断题

（1）技术规范是调整人与自然之间的行为规则。（　　）

（2）社会规范是调整人与人之间社会关系的行为规则。（　　）

（3）犯罪必定违法，违法不一定犯罪。（　　）

（4）社会危害性是犯罪最本质、最具有决定意义的特征。（　　）

（5）公安行政复议行为由最初做出决定的公安机关进行。（　　）

（6）计算机病毒是有害数据的一种。（　　）

4．简答题

（1）为什么说现有的法律体系能有效调整和规范信息社会的新型社会关系？

（2）简述网络安全保护的权利、义务和责任。

（3）计算机网络犯罪的主要类型有哪些？

（4）网上的哪些不检点行为可能违反民事义务？

（5）安全事件报告制度的重要意义是什么？

5．实训题

根据教材中给出的网络犯罪案例和课堂讨论结果写课后感，其中应包括自己对犯罪行为的认识和对法律法规的理解、如何用好法律武器有效保护网络安全等。